에너지의
이름들 ⚡

에너지의
이름들

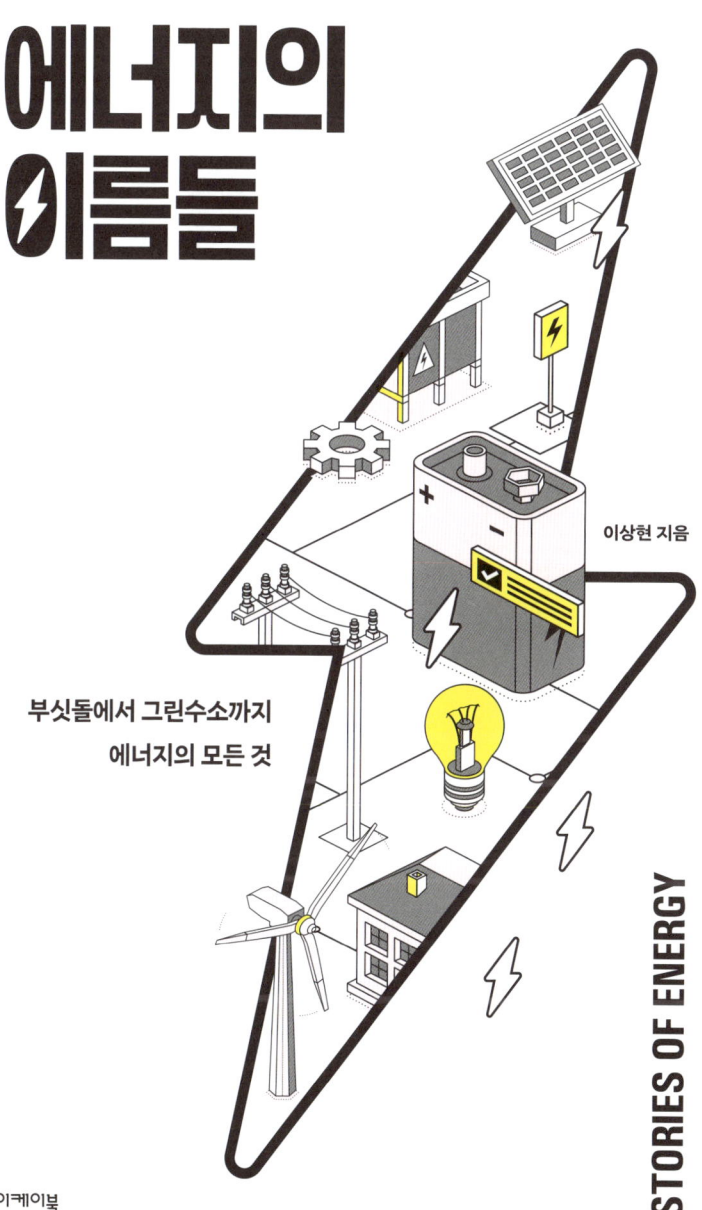

이상현 지음

부싯돌에서 그린수소까지
에너지의 모든 것

STORIES OF ENERGY

이케이북

이 책의 구성

① 시작 글에서는 주제를 밝히며 생각해 볼 수 있는 중심 화두를 꺼내요.

② 다섯 가지 주제를 통해 에너지의 이모저모를 이해해 봐요. 에너지의 본질과 정의, 에너지 형태, 전달과 전환, 에너지 자원, 에너지 보존과 손실, 생태시민성을 다뤄요.

과학과 에너지

청정에너지로 움직이는 무공해 운송 수단

운송은 석유 에너지를 많이 사용하는 분야 중 하나입니다. 자동차, 선박, 비행기는 모두 사람을 태우거나 물건을 싣고 땅, 바다, 하늘을 이동하는 편리한 운송 수단입니다. 가까운 거리도 자동차나 지하철로 이동하면서 에너지를 소비합니다. 방학이나 연휴가 되면 비행기를 타고 어디론 떠나고 싶습니다. 물론 에너지원 없이는 불가능합니다. 도로 위를 달리는 자동차 대부분은 아직도 휘발유와 디젤을 주유해야 합니다. 도로 곳곳에 있는 주유소는 열을 지나갈 때마다 기름 냄새가 솔솔 뭇속으로 들어옵니다. 자동차에 사용하는 에너지는 우리가 사는 대기를 오염시키는 주원인입니다.

지구를 깨끗하게 사용하기 위해서는 환경을 파괴하는 운송 에너지를 청정에너지원으로 하루빨리 전환해야 합니다. 도로 위를 달리는 자동차가 모두 전기와 수소에너지만을 사용하여 움직인다면 더 이상 매연을 맡지 않을 수 있습니다. 바다에서 대형 컨테이너나 물류를 운반하는 선박이 수소에너지를 연료로 항해하면 해양오염이 줄어듭니다. 하늘을 나는

178

수소에너지(왼쪽)와 전기(오른쪽)를 사용하는 자동차

항공기도 바이오, 전기, 수소에너지 연료를 사용하면 공해가 사라질 겁니다. 운송 수단의 에너지 전환은 빠르게 이루어지고 널리 보급되어야 합니다. 여러분은 미래에 수소차와 전기차 중 어떤 자동차를 타고 싶나요?

171

---

3 '과학과 에너지'에서는 천문 이야기와 그리스 신화에서 에너지와 연결된 이야기를 소개해요. 사회 문제를 고민해 볼 수 있는 시간이에요.

4 삽화와 이미지는 에너지를 좀 더 쉽게 이해하도록 도와요. AI(인공지능) 과학기술을 활용해 그린 삽화와 이미지도 있어요.

**한눈에 보는
에너지 분류표**

세상에 존재하는 모든 에너지는 종류와 형태, 전환 순서에 따라 부르는 특별한 이름이 있습니다. 에너지를 가리키는 이름을 찾아보세요.

에너지 종류

신에너지	재생에너지	핵에너지	화석에너지	땔감	
수소에너지	태양에너지 (태양열· 태양광)	우라늄	석탄	마른 나뭇잎	1차 에너지
연료전지	풍력에너지		석유	장작	
석탄 액화 또는 가스화	수력에너지		천연가스		
	해양에너지				
	지열에너지				
	바이오에너지				
	폐기물에너지				

에너지 전환
↓

기계 에너지	소리 에너지	화학 에너지	운동 에너지	위치 에너지	전기 에너지	열 에너지	빛 에너지	최종 에너지

에너지 형태

한눈에 보는 탄소중립 기술

에너지는 인류가 먹고 입고 살아가는 데 없어서는 안 될 필수 요소입니다. 사람도 몸에 에너지가 없으면 좋아하는 여행과 운동을 할 수 없죠. 미래에는 SF 영화에서 보듯이 많은 로봇과 기계가 움직일 수 있도록 에너지를 효율적으로 생산하고 관리하는 과학기술이 더욱 중요해질 거예요.

탄소중립은 우리가 숨 쉬거나 자동차를 타고 전기를 쓰면서 생기는 이산화탄소를 숲이나 특별한 기계가 다시 빨아들여서 없애는 거예요. 그래서 결국 공기 중으로 배출하는 이산화탄소 양이 '0'이 되는 상태를 말합니다. 라면을 끓여서 국물까지 모두 먹으면 음식물 쓰레기가 '0'이 되는 것처럼요. 이 책에서는 깨끗한 지구를 지키기 위한 일곱 가지 탄소중립 기술을 소개합니다.

① **그린 리모델링과 탄소중립 건물** 한국 국토교통부 제로에너지건축물 인증 건물

② **그린수소** 한국 수력에너지로 생산한 그린수소 플랜트

③ **스마트 에너지 관리** 일본 도요타 스마트시티

④ **에너지 저장 시스템** 한국 제주도 풍력 발전 연계 ESS

⑤ **우주 태양광 발전** 미국 NASA 무선 에너지 전송 기술

⑥ **탄소 포집·활용·저장** 호주 CO_2 포집 및 해저 석유 고갈 지층 저장

⑦ **탄소중립 연료** 유럽 항공기의 지속가능항공유(SAF) 사용

에너지로 연결된 세상 읽기

반딧불이는 스스로 빛에너지를 만들어요

반딧불이를 본 적이 있나요? 풀벌레 소리가 울려 퍼지던 경기도 연천군 전곡읍 전곡리는 제가 처음으로 반딧불이를 만난 곳입니다. 미세먼지가 적고 기후위기로 인한 환경 변화가 본격적이지 않던 시절, 여름밤이면 컴컴한 밤하늘에 별빛과 달빛만이 환하게 빛났습니다. 가장 밝은 별인 1등성을 품은 백조자리는 여름밤의 낭만을 선물해 줬어요. 가로등과 네온사인이 없는 시골은 자연과 더불어 살아가는 세상이었습니다.

작은 불빛을 반짝이며 어둠 속으로 날아가는 반딧불이가

빛에너지를 만드는 반딧불이

궁금해 손으로 잡아 봤습니다. 꿈속에서 보던 팅커벨 같은 모습이 아니어서 살짝 실망하기도 했죠. 하지만 반딧불이 꼬리에서 다시금 빛을 반짝하며 인사하듯 보낸 신호는 동화책에서 보던 모습과 같았습니다. 스스로 빛에너지를 만드는 반딧불이는 어릴 적 어둠을 물리친 신비로운 요정, 그 자체였습니다. 벌써 20여 년이 지났지만, 그날의 기억이 아직도 생생하여 그림으로 그릴 수 있을 정도입니다.

기억 속 눈앞을 반짝반짝 밝게 비추며 지나간 반딧불이는 이제 다시 찾아보기 힘든 곤충입니다. 환경오염으로 인해 서식지와 개체 수가 급격히 감소했습니다. 생물 보존을 위해 남은 반딧불이는 천연기념물 제322호로 지정되어 우리 곁에서 함께 살아갈 수 있도록 보호받고 있습니다.

모든 생명체는 영양소를 먹고 에너지를 만들어 사용해요

생명체를 이루는 작은 세포를 포함하여 반딧불이 같은 곤충은 영양소를 섭취해 활동에 필요한 에너지를 만들어 냅니다. 소화기관은 우리가 먹은 영양소를 분해하여 가장 작은 단위로 바꿔 줍니다. 세포는 생명을 유지하고 움직이는 데 필요한 에너지원을 공급받습니다. 우리에게 영양소는 바로 음식입니다. 떡볶이, 치킨, 피자, 닭갈비, 돼지국밥, 마라탕. 생각만 해도 군침이 도네요. 사람에게 음식은 1차 에너지원으로 섭취되면 체온을 유지하는 열에너지로 바꾸고, 세포 분열을 하는 데 필요한 원료를 제공하는 역할을 합니다. 걷거나 뛸 수 있도록 영양소는 근육과 뼈에 2차 에너지원으로 바뀌어 공급됩니다. 사람은 물론 동물, 곤충, 식물까지 모든 생명체는 영양소를 통해 에너지를 만들어 사용합니다. 에너지는 모든 생명 활동에 꼭 필요한 요소입니다.

우리가 살아가는 지구에서
에너지는 필수예요

인류는 약 150만 년 전부터 불을 사용해 왔다는 기록이 있습니다. 아주 오래전부터 인간은 외부 환경의 변화와 위험으로부터 자신을 보호하고 생존하기 위해 최소한의 에너지원을 찾아 사용해 왔습니다. 현대에 와서는 편리한 생활을 위해 다양한 에너지를 사용합니다. 어느 날 문득 최소한의 에너지만 쓰는 자연인이 되기 위해 내 전부와도 같은 스마트폰 없이 살아 볼까 하는 생각을 한 적도 있습니다. 하지만 "까톡 까톡" 서랍을 닫기도 전에 울리는 알림 소리에 포기하고 말았지요.

이 책은 우리가 당연하게 써 왔던 에너지원들을 짚어 보며 그 속에 숨은 이야기를 하나씩 들려줍니다. 태어나서 지금까지 우리가 사용한 에너지에 무엇이 있는지 함께 찾아봐요. 10년 후 그리고 100년 후에 지구는 어떤 에너지를 사용하고 있을까요? 미래의 에너지 세상을 상상하며 즐거운 마음으로 이 책을 읽어 보길 바랍니다.

2025년 10월

이상현

차례

첫 번째 이야기
자연에서 시작된 에너지 세계

두 번째 이야기
우리의 오랜 친구 천연자원

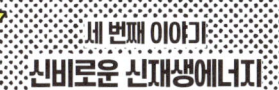

세 번째 이야기
신비로운 신재생에너지

네 번째 이야기
미래를 준비하는 에너지

다섯 번째 이야기
지구가 웃는 에너지 습관

첫 번째 이야기

자연에서
시작된
에너지
세계

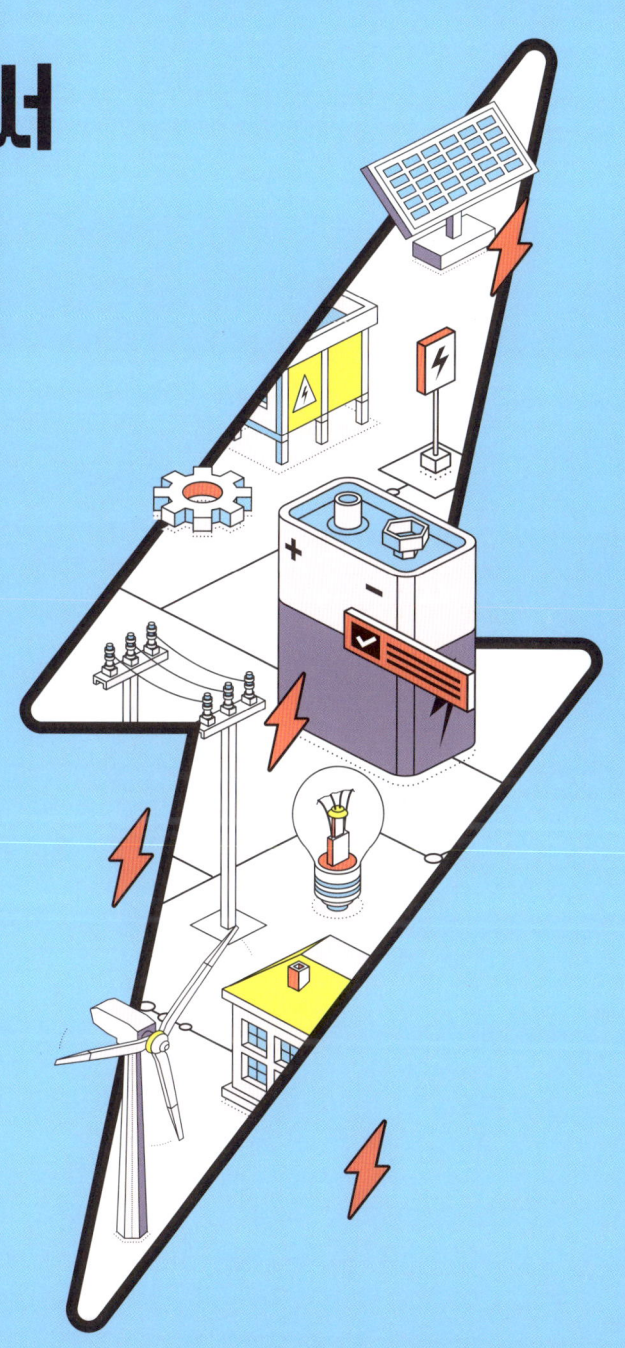

그리스 신화에서 신들의 왕인 제우스(Zeus)는 하늘과 천둥, 번개의 신으로, 전기를 만드는 능력을 가졌습니다. 제우스의 손에서 나오는 전기에너지는 가정뿐 아니라 우리의 일상생활 전반에 필요한 전력을 충분히 제공할 수 있을 만큼 큰 에너지일 거라고 상상해 봅니다.

비 오는 날 어둑한 먹구름에서 내리치는 번개는 평균적으로 화력발전소가 1시간 동안 생산하는 전력량의 80분의 1 정도라고 합니다. 부엌에서 사용하는 작은 전구 10만 개를 1시간 동안 밝힐 수 있는 규모입니다. 자연현상에서 만들어지는 번개의 위력이 그저 놀라울 따름입니다. 사람은 물론이고 신과 싸우는 악마조차 당해 낼 수 없을 겁니다. 번개가 언제, 어디로 치는지 알 수 있다면 저장소에 가두어 에너지로 사용하면 좋을 텐데 말이죠.

궁금증이 생깁니다. 제우스 손에서 나오는 번개와 같은 에너지는 어떻게 설명할 수 있을까요? 이 번개가 전지(배터리)에 담기면 전기를 공급하는 에너지로 활용되지만, 나무나 건물에 떨어지면 큰 힘으로 물체를 부수고는 순간적으로 사라집니다. 그래서 사람들은 번개를 강한 힘으로 표현하곤 하지요. 물리학자들은 에너지를 '일을 할 수 있는 능력'이라고 설명합니다. 즉, 어떤 일을 하거나 물체를 움직이게 하는 힘이 바로 에너지인 거예요. 생명체의 근원이며, 기계가 움직이고 사람이 살아가는 데 필요한 구동력입니다.

우리나라 국가법령에서 에너지법을 찾아보면 에너지는 연료, 열 및 전기를 뜻합니다. 언뜻 보면 이해하기 쉬운 것 같지만, 에너지를 정확히 알기 위해선 조금 더 깊이 있는 탐구가 필요합니다. 눈으로 직접 볼 수 없는 공기처럼 자연 속 현상을 통해 에너지의 존재를 관찰해야 합니다. 에너지는 형태도 매우 다양하여 과학적 사고로 하나하나 살펴볼 때 그 진짜 의미를 정확히 알 수 있어요.

＋ 빛에너지

태양이나 손전등에서 나오는 밝은 빛은 에너지의 한 형태로, 빛에너지라고 부릅니다. 빛은 눈으로 물체를 식별하고 밝기

10만 개의 전구를 켤 수 있는 제우스의 번개 위력 (AI 과학 활용)

와 색, 거리, 크기, 모양을 구분할 수 있도록 돕습니다. 빛에너지에서 우리 눈으로 볼 수 있는 영역을 '가시광선'이라 부릅니다. 빨강, 주황, 노랑, 초록, 파랑, 보라색을 가리킵니다. 눈으로 볼 수 없는 빛에너지에는 감마선, X선, 자외선, 적외선, 전파가 있습니다. 모두 에너지를 가지고 있지요. 빛에너지를 만들 수 없다면 해가 지고 나서 바로 잠자리에 들어야만 해요. 늦은 밤 집으로 돌아오는 길에 가로등 불빛이 없다고 한번 상상해 보세요. 우리는 달빛과 별빛에 의지해 어두운 골목을 걸어야 합니다. 해가 지고 저녁이 되면 모두 반딧불이를 잡아서 유리병 안에 넣어 빛으로 이용해야 할지도 모릅니다. 겨울은 낮이 짧으니 더 일찍 잠자리에 들어야 할 수도 있습니다.

✛ 열에너지

추운 겨울에 몸을 따뜻하게 해 주는 에너지를 우리는 '열'이라고 합니다. 열은 어떤 물체나 시스템의 에너지를 더해 주는 힘으로, 쉽게 말해 차가운 것을 덥게 만들고, 얼음을 녹이며, 물을 끓게 하는 에너지예요. 예를 들어 겨울이 되면 난방기나 히터를 이용해 집 안 온도를 높입니다. 우리 조상들의 일등 발명품 중 하나인 온돌방은 전 세계가 부러워하는 기술입니다. 방바닥에서 열이 전달되는 전도와 공기를 데워 순환시키는 대류 효과로 집 안을 따뜻하게 합니다. 겨울철 보일러가 없는 유럽으로 여행을 계획한다면 두툼한 잠옷을 꼭 가져가야 합니다. 유럽 호텔은 벽면에 라디에이터만 몇 개 설치되어 있을지 모르니까요. 열에너지는 추위를 막아 주는 보호 작용을 할 뿐만 아니라 따뜻한 온수를 제공해 줍니다. 태양에서 받은 열에너지 덕분에 지구에서는 공기와 물의 순환 작용이 일어납니다.

+ 전기에너지

우리 생활을 편리하게 해 주는 가전제품은 모두 전기로 움직입니다. 전기는 전자가 이동하며 발생하는 에너지입니다. 전기에너지를 만드는 전자는 물질을 구성하는 원자의 구성 성분이며 '전하(電荷, electric charge)'라는 전기적 위치에너지를 갖고 있습니다. 스마트폰, 컴퓨터, 텔레비전, 냉장고 같은 전자기기는 전기에너지로 작동합니다. 전기자동차는 이름 그대로 전기를 동력원으로 움직이는 자동차예요. 전기차가 널리 보급되면서 휘발유 냄새 가득한 주유소가 주변에서 점점 사라지고 있습니다. 전기에너지가 없다면 전자제품은 고철 덩어리 깡통과 같습니다. 전기는 인류가 발견한 위대한 업적입니다. 로봇청소기가 방을 청소해 주지 않는다면 우리가 직접 청소해야겠죠?

+ 위치에너지

지구에 있는 물체는 높이에 따라 위치에너지를 가집니다. 모든 물체 사이에는 서로 끌어당기는 힘, 즉 인력이 작용하는데 지구는 매우 크고 무거워서 어떤 물체든 지구 중심으로 끌어당기게 됩니다. 바로 중력입니다. 달리기 선수가 아무리 힘껏 높이 뛰어 봐도 하늘로 날아오를 순 없습니다. 중력은 모든 물체에 예외가 없습니다. 높은 산꼭대기에 내리는 빗물은 큰 위치에너지를 가지고 골짜기를 따라 시냇물로, 강으로, 바다로 흘러갑니다. 번지점프대에서 뛰어내리거나 자유드롭 놀이기구를 탈 때 생기는 짜릿함은 위치에너지가 주는 또 하나의 즐거움입니다. 미끄럼틀을 타고 내려오는 재미도 위치에너지 때문입니다.

+ 운동에너지

움직이는 물체는 가만히 서 있는 상태보다 더 큰 운동에너지를 가집니다. 운동에너지는 물체가 움직일 때 가지는 에너지의 양을 말합니다. 예를 들어 천천히 걷고 있는 친구보다 달리고 있는 친구의 운동에너지가 더 큽니다. 선풍기 날개는 회전 운동을 하면서 공기를 움직여 줍니다. 가만히 있던 공기는 선풍기에 의해 움직이면서 바람이라는 운동에너지를 생성합니다. 빠르게 던진 야구공, 골대로 쏘아 올린 농구공, 발끝으로 힘차게 차 올린 축구공은 모두 운동에너지로 움직입니다. 고속도로를 빠르게 달리는 자동차는 가속 페달을 밟지 않아도 한동안 빠른 속도를 유지하며 앞으로 나아갑니다.

+ 화학에너지

물질을 작게 쪼개다 보면 가장 작은 단위인 '원자'를 볼 수 있습니다. 원자는 눈에 보이지 않지만, 물질을 이루는 기본 단위이며 에너지를 보유하고 있습니다. 우리가 섭취하는 음식은 소화기관에서 화학반응에 의해 에너지로 바뀝니다. 신체에서 음식이 소화되며 생기는 에너지는 쉽게 눈에 보이지 않지만, 이를 '화학에너지'라고 부릅니다. 화학에너지는 물질이 가지고 있는 고유한 에너지입니다. 물질이 화학반응할 때 에너지 모습이 드러납니다. 화학반응은 화약이 터지면서 화려한 색의 불꽃을 만드는 불꽃놀이에도 사용됩니다. 겨울철 핫팩을 흔들어 열이 발생하는 것도 물질 속 화학반응을 통해 저장된 화학에너지가 열에너지로 바뀌기 때문입니다.

✛ 소리에너지

산속에서 '야호' 하고 외치면 산울림이 반갑게 '야호' 하고 대답해 줍니다. 메아리죠. 소리에너지가 공기를 타고 앞으로 나아가다 숲에 반사되어 되돌아오는 현상입니다. 소리에너지는 세기에 따라 멀리 퍼져 나갈 수 있으며 아주 강한 소리는 유리창이나 약한 물체를 깨뜨릴 수도 있습니다. 또한 병원에서 초음파로 진단을 하기도 하고, 피아노나 바이올린처럼 아름다운 음악을 만들기도 해요. 소리에너지는 공기나 물, 혹은 실로 이은 종이컵 전화기처럼 물질을 매개로 전달됩니다.

✛ 기계에너지

놀이터에서 그네는 인기 있는 놀이기구입니다. 뒤로 높이 올라갔다가 빠르게 앞으로 나아가며 다시 위로 높이 올라갑니다. 높은 지점에 있는 물체는 중력 때문에 위치에너지를 가지고 있으며, 앞으로 나아가며 속도가 붙으면 운동에너지로 바뀌어 점점 커집니다. 이 모든 변화는 바로 기계에너지 덕분이에요. 기계에너지는 운동에너지와 위치에너지의 합으로, 예를 들어 그네가 오르내릴 때 가지는 에너지 전체를 말합니다. 역학적 에너지라고도 부르는데, 그네 위치가 달라도 위치와 운동에너지의 총합은 변하지 않습니다. 눈썰매장에서 눈썰매를 탈 때도 기계에너지가 있습니다. 눈썰매장 정상에서 중력으로 인해

빛에너지	열에너지	전기에너지	위치에너지
운동에너지	화학에너지	소리에너지	기계에너지

다양한 에너지 유형

생기는 위치에너지가 내리막을 타고 내려오면서 운동에너지로 바뀌기 때문입니다. 겨울철 스포츠 봅슬레이는 기계에너지를 이용하여 스피드를 즐기는 경기입니다.

우리가 주변에서 관찰할 수 있는 에너지 중 하나라도 일상에서 사라진다면 어떤 일이 벌어질까요? 한번 상상해 보세요. 빛에너지가 사라진 세상은 어둠만이 존재할 겁니다. 열에너지가 없다면 겨울에 펭귄처럼 두꺼운 잠바를 입고 잠을 자야 합니다. 전기에너지가 사라진다면 가전제품이 없던 오랜 옛날 원시인처럼 생활해야 할지 모릅니다. 위치에너지를 제거하면 시냇물과 강이 흐르지 않고 물이 제자리에 고여서 썩게 됩니다. 운동에너지가 없으면 농구공과 야구공은 손에서 벗어나자마자 멀리 나가지 못하고 금세 멈추게 됩니다. 소리에너지를 없애면 아이돌 가수의 아름다운 노랫소리를 더 이상 들을 수 없습니다. 에너지가 가진 성질은 세상을 움직이는 동력원이며 자연현

전자제품이 없던 석기시대

상을 설명하는 원리입니다.

　궁금한 에너지 쓰임새는 사실 일상 곳곳에서 쉽게 찾아볼 수 있답니다. 지금부터 함께 들여다볼까요? 우리는 아침에 눈을 뜨면서부터 매일 에너지를 소비합니다. 먼저 침대에서 일어나 불을 켭니다. 스마트폰을 확인하고 욕실에서 세수하지요. 부모님은 아침 준비를 위해 부엌에서 맛있는 음식을 요리해 주십니다. 방에서는 학교 갈 준비를 하면서 헤어드라이어로 머리를 말립니다. 아침을 먹고 학교로 가면서 신호등 신호에 따라 길을 건넙니다. 양치는 꼭 하고 가야 합니다. 에너지가 어떻게 쓰이고 있는지 보이나요?

　아침에 일어나 사용한 빛에너지, 전기에너지, 운동에너지, 열에너지처럼 생활에 필요한 에너지를 만들어 주는 물질을 에너지 자원 또는 에너지원이라고 합니다. 우리가 살아가는 데 없어서는 안 될 존재입니다. 언제, 어디서나 사용할 수 있도록 에너지원은 다양한 형태의 에너지로 전환됩니다. 전깃불 대신 반딧불이를 유리병에 잡아서 불을 밝히던 시대는 역사박물관에서도 자리를 내줘야 할 만큼 아주 오래된 이야기입니다. 1880년경 조선시대 말기에 석유가 처음 소개되면서 호롱불을 밝히던 빛에너지는 세상을 바꾼 놀라운 발견이었습니다. 지금부터 저와 함께 생활 속 에너지를 하나씩 살펴보며 그와 관련된 신기한 이야기를 알아봐요.

지구를 위해 1시간 동안 불을 꺼요

2월 14일은 밸런타인데이입니다. 사랑하는 사람에게 달콤한 사탕과 초콜릿을 선물하는 날이죠. 이날 짝사랑하던 이에게 고백하면 사랑이 이루어지기도 합니다. 5월 5일은 어린이날입니다. 모든 어린이가 꿈과 희망을 품고 행복하게 맘껏 뛰어놀 수 있는 하루가 되어야 합니다.

매년 3월 말 토요일은 무슨 날일까요? 특정 일자 대신 공휴일인 마지막 주 토요일로 정해진 이날은 다름 아닌 '지구 시간(Earth Hour)'이 있는 날입니다. 세계자연기금(WWF)은 전 세계가 동참하여 저녁 8시 30분부터 9시 30분까지 '지구를 위한 1시간' 불 끄기 캠페인을 진행하고 있습니다. 롯데월드타워도 이날만큼은 불을 끄고 자연과 공존합니다. 화려한 네온사인이 꺼지면 겨울밤의 1등성인 오리온자리 별을 볼 수 있습니다. 단순히 전기를 끄는 행사를 넘어 우리에게 에너지의 소중함을 느끼게 합니다.

4월 22일은 지구의 날입니다. 환경오염의 심각성을 알리기 위해 시작된 운동입니다. 모두가 저녁 8시부터 10분간 소등

여름철 별자리 거문고자리의 가장 밝은 별 베가

하며 지구 사랑을 표현하는 날입니다. 자연과 상생하기 위한 우리의 작은 실천을 돌이켜 볼 수 있습니다. 덕분에 북극성이 자리한 봄밤의 작은곰자리를 감상할 수 있는 특별한 행운도 함께합니다.

8월 22일은 무슨 날일까요? 에너지의 날입니다. 2003년 8월 22일은 우리나라가 역대 최대 전력을 소비한 날로, 이를 계기로 에너지의 날이 지정되었어요. 에너지를 절약하자며 약속한 날입니다. 저녁 9시가 되면 5분간 에어컨과 불을 끄고, 여름철 밤하늘의 거문고자리 별 베가를 볼 수 있습니다.

1 에너지와 자연현상

과학은 자연을 이해하고 설명하는 강력한 무기입니다. 생명과학, 지구과학, 물리학, 화학이라는 학문은 우리에게 자연현상을 알 수 있도록 안내해 줍니다. 음식을 맛있게 먹을 수 있도록 도와주는 숟가락, 젓가락, 칼, 포크와 같은 역할입니다. 에너지는 모든 과학 분야에서 빠지지 않고 등장하는 핵심 개념입니다. 에너지가 없으면 설명할 수 없는 현상이 수두룩합니다. 예를 들어 식물의 한살이 과정에서 빛에너지는 물과 이산화탄소를 이용한 광합성을 통해 식물이 자라는 데 필요한 화학에너지로 전환됩니다. 화학에너지는 식물의 영양소입니다. 물은 대기 중에서 열에너지를 받아 수증기로 증발하고, 에너지를 잃으면 응결하여 빗방울이 되어 지상에 내립니다. 냉동고에 물을 넣으면 에너지를 잃어 얼음으로 변합니다. 밤하늘에 별똥별은 작은 천체가 지구의 대기권을 뚫고 다가오다 마찰에 의해 높은 열에너지로 타 버리는 현상입니다. 이 모든 과정은 에너지가 있어야 설명할 수 있습니다.

지구의 에너지원은 태양입니다. 태양에서 빛에너지와 열에너지가 지구로 옵니다. 태양에서 보내는 에너지는 눈에 보이는 물질이 아닙니다. 지구뿐 아니라 태양계에 있는 수성, 금성, 화성, 목성, 토성, 천왕성, 해왕성은 태양이 전달하는 에너지를 받습니다. 지구가 속한 태양계를 넘어 밤하늘의 별과 천체에도 에너지가 있습니다. 행성과 운석이 움직이는 현상도 에너지 덕분에 가능합니다. 우주 속 에너지는 새로운 별을 탄생시키고, 죽어가는 별들로부터 에너지를 빼앗기도 합니다. 갓난아기처럼 우주에 새로 탄생한 별을 원시성(또는 원시별)이라고 부릅니다. 지구와 너무 멀리 떨어져 있어서 그 변화를 알아차릴 수는 없습니다. 빛의 속도로 몇 광년을 가야 간신히 만날 수 있습니다. 빛이 1년 동안 움직인 거리를 '광년'이라고 합니다.

흐르는 물은 자갈과 모래를 운반합니다. 물이 가진 에너지로 작은 물질부터 큰 바위까지 움직일 수 있습니다. 홍수가 나거나 산사태로 집이 떠내려가고 돌과 흙이 무너져 내릴 때도

카리나 성운에서 새로운 별(NGC 3324)이 탄생하는 모습 © NASA

에너지가 작용합니다.

태풍은 에너지가 엄청나서 지붕과 가게 간판을 날려 버리고, 나무를 뿌리째 뽑을 정도로 강력하게 움직입니다. 태풍이 육상으로 들어오면 바다에서 얻은 에너지원이 사라져서 점점 작아지다가 소멸합니다. 무시무시한 태풍이 지나갈 때면 학교도 휴교하고 모두 안전한 장소로 대피해야 합니다. 태풍 이름은 여러 개인데, 한국을 포함한 북서태평양에서는 '태풍(Typhoon)'이라 부르며 미국 같은 북중미에서는 '허리케인(Hurricane)'이라 합니다. 인도양에서는 '사이클론(Cyclone)'이라 표현합니다.

에너지는 자연 생태계를 변화시키며 끊임없이 흐릅니다. 지구상의 모든 생물은 저마다 에너지를 지니고 있으며, 그 에너지는 지구의 자연을 역동적으로 움직이게 하여 푸른 행성, 지구의 생명력 넘치는 모습을 보여 줍니다. 나무가 자라고 꽃이 피고 숲이 울창해지며, 동물들이 뛰어놀 수 있게 합니다.

자동차, 비행기, 각종 기계를 움직이려면 에너지가 필요합니다. 에너지는 연료를 통해 공급되며, 연료는 쉽게 쓸 수 있는 형태의 에너지를 가진 물질입니다. 생명체가 살아가는 데 필요한 에너지와 마찬가지로, 에너지 물질이 가리키는 의미는 모두 같습니다. 에너지 특징을 살펴보면 쉽게 이해할 수 있습니다.

① 일을 합니다.
② 물질을 변화시킵니다.
③ 물체를 데워 온도를 높입니다.
④ 연료로 사용합니다.
⑤ 크기를 측정할 수 있습니다.
⑥ 시각, 청각 같은 감각으로 알 수 있습니다.

자연현상은 에너지의 변화와 흐름으로 나타납니다. 자연에서는 다양한 에너지가 조화를 이루며 발생합니다. 에너지는 주변으로 전달되거나 반대로 집중되어 더 커지기도 합니다. 에너지는 인간이 인위적으로 만들어서 사용하기도 하지만 자연적으로 만들어지기도 합니다. 살아 있는 생명체에서 나타나는 에너지와 지구 밖 천체에서 만들어진 에너지는 크기만 다를 뿐 모두 에너지로서 같은 역할을 합니다. 자연 에너지는 인간이 마음대로 조절할 수 없지만 우리는 필요에 따라 에너지를 다른 형태로 바꾸어 사용합니다. 에너지를 제대로 아는 것은 자연과 인간을 깊이 있게 이해하는 데 중요합니다.

과학과 에너지

에너지 직업 탐방

인간은 에너지라는 뜻을 이해하기 오래전부터 에너지를 사용해 왔습니다. 에너지는 의식주처럼 꼭 필요한 것입니다. 살아가는 데 기본 요소는 의식주와 에너지입니다. 옷을 만드는 사람, 음식을 조리하는 요리사, 집을 짓는 건축가, 에너지를 생산하는 생산자는 모두 생활에 필수 직업입니다. 전기에너지, 열에너지, 화학에너지처럼 우리 일상에 필요한 에너지 생산자는 과거, 현재, 미래에도 사라지지 않을 직업입니다.

에너지를 생산하는 기업은 셀 수 없이 많습니다. 에너지 형태가 다양하고 에너지 자원의 종류가 많기 때문입니다. 미래에 가장 좋아하는 에너지를 찾아서 생산한다면 가족과 친구 모두 내가 만든 에너지를 사용하는 소비자가 됩니다. 생산자와 소비자를 잇는 에너지는 지속적으로 수요가 증가하고 있습니다. 그래서 전기나 태양광, 풍력, 수력 같은 에너지를 만드는 일은 앞으로도 중요한 직업이 될 거예요.

이 책을 읽으며 내가 가장 흥미로워하는 에너지가 무엇인지 한번 찾아보세요.

수력발전소에서 일하는 에너지 생산자

2

부싯돌을
발견한 인류

지구는 하루에 한 번 한 바퀴씩, 23.5도 기울어진 축을 중심으로 팽이처럼 돌면서 자전합니다. 태양을 중심으로 1년에 한 바퀴를 도는 공전도 합니다. 자전과 공전은 지구가 탄생하면서부터 시작되었습니다. 지구의 운동은 낮과 밤을 만들고 계절의 변화를 가져왔습니다. 기온은 계절에 따라 높아지거나 낮아집니다. 야생에 사는 동물은 따뜻한 털로 체온을 유지하지만, 사람에게는 추위를 견딜 수 있는 두꺼운 피부나 털이 없습니다. 인류는 더위와 추위를 막기 위해 오래전부터 동굴과 같은 은신처를 찾아 생활했습니다.

역사를 돌아보면 인류는 화산 폭발이나 낙뢰 같은 자연현상을 통해 우연히 불을 발견했습니다. 처음 불을 본 사람들은 어떤 반응을 보였을까요? 아마도 놀라서 뒤로 넘어지거나 소리를 지르며 도망치지 않았을까 싶습니다. 열에너지를 발견할 수 있었던 것은 인간이 다른 동물보다 뛰어난 두뇌를 가졌기 때문입니다. 인간만이 불을 활용하고 다시 만드는 방법을 알아냈습니다. 마치 우리가 하늘을 나는 로봇 친구를 볼 때만큼이나 놀랍고 신기했을 겁니다.

인류의 진화를 연구하면서 발견하게 된 세계유산이 있습니다. 바로 남아프리카에 위치한 스와르트크란스(Swartkrans) 동굴입니다. 불을 사용한 흔적이 남겨진 유적지 중 하나입니다. 불이 사용된 시기는 약 150만 년 전으로 추정합니다. 150만 년 전이라는 시간은 우리가 살아가는 하루, 이틀, 1년, 2년, 10년, 100년의 시간 단위와 비교하기 힘들 정도로 아주 오래전입니다. 동굴에 형성된 퇴적층에서 인위적으로 불을 피워 그을린 동물의 뼈가 발견됐습니다. 학자들은 동굴에서 출토된 많은 유물이 불을 사용한 증거라고 생각합니다. 호모 에렉투스(Homo Erectus)는 불을 최초로 사용하기 시작한 인류를 말합니다. 두 발로 서서 걸으며 현생인류가 나타나기 전에 살았습니다.

불은 사람들에게 많은 변화를 가져다주었습니다. 추위에 견딜 수 있게 도왔고 음식을 익혀 먹을 수 있게 하여 건강한 먹

부싯돌

거리를 만들어 줬습니다. 야생 동물로부터 보호받을 수 있었고 사람들이 동굴과 같은 은신처에서 벗어나 친구들과 어울리며 더 넓은 곳에서 활동하는 계기가 되었습니다. 처음 인간은 마른나무에 뾰족한 모양의 나무를 마찰시켜 불을 만드는 방법을 터득했습니다. 언제 어디서든 필요한 열에너지를 만들 수 있도록 불씨를 얻는 기술을 찾아냈습니다.

나무와 나무를 마주 비비면 마찰에너지가 열에너지로 바뀌며 불을 만들었습니다. 나무는 인류가 최초로 사용한 에너지원입니다. 오늘날의 석탄, 석유, 천연가스보다 오랫동안 사용되어 온 에너지원입니다.

1만 년 전 구석기시대부터 사용된 것으로 알려진 부싯돌은 불씨를 만들어 내는 새로운 도구입니다. 옛날 사람들은 돌을 서로 부딪쳐서 불꽃을 만들고, 그 불꽃을 마른 풀이나 나뭇잎에 붙여서 불을 피웠습니다. 부싯돌은 마른 나무를 서로 비벼 마찰에너지를 얻을 때보다 빠르게 불을 피울 수 있어 효율적이었어요.

불을 지피는 기술은 시간이 지날수록 발전하여 돌을 쇳조각에 부딪쳐 불씨를 만들게 됐습니다. 인류 역사에서 위대한 발견의 순간이었습니다. 부싯돌의 원리를 이용하여 불을 켜는

불을 최초로 사용한 인류, 호모 에렉투스 (AI 과학 활용)

도구가 있습니다. 현대식 부싯돌, 바로 라이터입니다. 손가락으로 부싯돌을 돌리면 반짝 불꽃이 나오고 그 불꽃이 가스 연료에 닿으면 불이 붙는 방식입니다. 라이터는 화학물질을 이용한 성냥과 함께 불을 자유롭게 만들 수 있도록 돕는 도구입니다.

프로메테우스 신의 선물, 불

그리스 신화에 프로메테우스(Prometheus)라는 장인(匠人)의 신이 나옵니다. 프로메테우스는 미래를 보는 능력을 가지고 있었으며, 그의 이름은 '먼저 생각하는 자'라는 뜻을 담고 있습니다. 그는 티탄족이라는 신의 종족 중 한 명으로 에피메테우스라는 동생이 있었습니다. 에피메테우스는 동물을 창조한 신입니다. 동물을 창조해 그들에게 하나씩 능력을 나누어 줬습니다. 하늘을 날 수 있는 능력, 빨리 달리는 능력, 수영을 잘하는 능력까지 동물에게 선물했습니다. 인간에게 줄 능력을 남겨 두지 않았죠. 만약에 우리가 이 모든 능력을 다 갖췄다면 어땠을까 하고 잠시 상상해 봅니다.

인간에게 불을 선물한 프로메테우스 (AI 과학 활용)

프로메테우스는 신의 왕인 제우스가 숨겨 놓은 불을 인간에게 줬습니다. 인류는 고마운 불 에너지를 선물 받았지만, 그 일로 인해 프로메테우스는 제우스의 미움을 사서 오랫동안 바위에 묶여 독수리에게 물어뜯기는 벌을 받았어요. 제우스의 아들 헤라클레스가 독수리를 죽일 때까지 말입니다. 불을 처음 발견한 순간은 신화에 나오는 이야기처럼 세상을 바꾼 신기한 일이었습니다.

3
생활 속 에너지

하루 동안 사용하는 에너지는 다양합니다. 인류는 에너지를 사용하지 않던 원시 시절로 돌아갈 수 없을 만큼 문명의 혜택을 누리고 있습니다. 무더운 여름에 오랫동안 에어컨이 없는 밤을 걸으면 몸에 열이 너무 많이 쌓여서 온열질환에 걸릴 수 있어요. 추운 겨울엔 매서운 칼바람 때문에 동상이 생길 수도 있습니다. 소파에 앉아 전자기기를 스마트폰 앱으로 조종하는 시대에 살고 있는 우리는 얼마나 다양한 에너지를 사용하고 있을까요? 요즘은 AI에게 말만 하면 노래가 나오고 불이 켜지고 알람이 울리는 편리한 세상입니다. AI를 움직이는 동력원이 바로 에

너지입니다. 우리 주변을 넘어 어디에 어떤 에너지가 쓰이는지
한번 둘러볼까요?

　　로봇은 에너지를 동력원으로 움직이는 기계이며 만화와
영화 속 주인공입니다. 영화 〈로보트 태권V〉에 나오는 주인공
로봇 태권V를 비롯해 또봇, 타요, 카봇 등 서빙 로봇의 선배들
이 많습니다. 도로에는 자동차와 보행자에게 안내를 해 주는
신호등이 있습니다. 빨강, 노랑, 초록불을 밝혀 주는 신호등은
전기에너지를 사용하여 빛에너지로 신호를 전달합니다. 교통
사고가 나지 않도록 자동차와 보행자에게 차례를 알려 줍니다.
횡단보도 바닥에는 초록과 빨간 불빛으로 차량이 지나갈 수 있

음식을 운반해 주는 인공지능 로봇

는 순서를 한 번 더 보여 줍니다.

우리나라에는 자동차가 많습니다. 2025년 8월 기준, 한국에는 자동차가 2,643만 대 등록되어 길 위를 달리고 있습니다(통계청 KOSIS 자료). 연휴나 휴가 때 차를 타고 놀러 가다가 고속도로에 길게 늘어선 차량 행렬 속에 갇혀 본 경험이 한 번쯤 있을 거예요. 주위를 둘러보면 도로에 정말 자동차가 많습니다. 자동차 중에서 가솔린·디젤·액화천연가스(LNG) 연료를 사용하는 내연기관차는 화학에너지를 운동에너지로 전환하여 이동합니다. 전기차는 배터리에 저장된 전기에너지를 모터의 동력원으로 사용하여 운동에너지로 이용합니다. 가끔 볼 수 있는 수소차는 수소 연료를 사용하여 움직입니다. 자전거는 연료 없이 페달을 밟는 만큼 움직이기 때문에 에너지를 아낄 수 있어

에너지로 움직이는 여러 탈것

요. 그래서 가까운 곳은 자전거를 타고 가는 것이 좋습니다. 하지만 먼 거리를 이동할 때는 자동차나 버스처럼 연료를 사용하는 교통수단이 필요합니다.

사람이나 물건을 옮기는 운송 수단은 에너지를 이용해 동력을 만들어 움직입니다. 바다를 떠다니는 큰 배들은 액화천연가스(LNG)라는 연료를 쓰기 시작했습니다. 이 연료는 연소될 때 매연이 적게 나와서 바다와 공기를 덜 더럽히는 친환경 연료예요. 차세대 에너지원 중 하나인 수소를 연료로 사용하는 선적 또한 상용화를 앞두고 있습니다.

하늘에서는 통닭을 튀기던 식물성 폐기름을 재사용한 지속가능항공유(Sustainable Aviation Fuel, SAF)로 비행하는 항공기가 있습니다. 항공기 엔진을 바꾸지 않고도 친환경 연료를 공급받아 움직일 수 있습니다. 해외에서 직접 구매한 물건은 배와 항공기에 실려 우리나라로 들어옵니다. 이후 택배회사 자동차로 가정이나 배송지로 배달되지요. 에너지원 없이는 원하는 물건을 해외 판매 사이트에서 직접 구매하는 해외 직구도 불가능합니다.

우리 근처로 돌아와 일상생활 속에서 에너지를 사용하는 물건을 한번 살펴볼까요? 가정, 학교, 회사에서 에너지를 소비하는 사용처는 다양합니다. 무엇이 있는지 함께 생각해 봐요.

+ 가정

LED 형광등, 텔레비전, 로봇청소기, 가스레인지, 헤어드라이어, 스마트폰, 태블릿 PC, 컴퓨터, 인터넷 공유기, 헤드폰, 냉장고, 냉동고, 세탁기, 건조기, 식기세척기, 믹서기, 젖병 소독기, 분유 제조기, 보일러, 온수매트.

+ 학교

스마트 칠판, 공기청정기, 정수기, 에어컨, 선풍기, 방송 스피커, 프로젝터.

생활 속에서 에너지를 사용하는 기기

+ ## 회사

건물 자동문, 출입 관리기, 엘리베이터, 컴퓨터, 전화기, 프린터, 복사기, 에어컨, 정수기, 회의실 모니터, 회의 마이크, CCTV.

기술이 발전함에 따라 에너지를 사용하는 물건이 갈수록 증가하고 있습니다. 가정과 학교, 회사에서 사용하는 에너지뿐만 아니라 음식점에서는 서빙 로봇과 키오스크가 손님을 맞이하고 자동 조리 로봇이 주방에서 음식을 준비합니다. 이 모두 전기에너지를 동력원으로 사용하며 우리 생활을 편리하게 도와줍니다. 우리 주위에 있는 전자제품과 기기들은 어떤 에너지

⊙ 최종 사용 에너지를 기준으로 분류한 생활 기기들

에너지 형태	사용처
전기에너지	스마트폰, 태블릿 PC, 컴퓨터, 냉장고, 냉동고, 식기세척기, 젖병 소독기, 분유 제조기, 스마트 칠판, 공기청정기, 에어컨, 출입 관리기, 전화기, 프린터, 복사기, 정수기
빛에너지	LED 형광등, 텔레비전, 프로젝터, 회의실 모니터, CCTV
열에너지	가스레인지, 헤어드라이어, 건조기, 보일러, 온수매트
운동에너지	로봇청소기, 세탁기, 선풍기, 믹서기, 건물 자동문, 엘리베이터
소리에너지	방송 스피커, 회의 마이크, 헤드폰

를 써서 움직일까요? 전기를 쓰는 물건도 있고, 배터리를 쓰는 제품도 있어요. 연료를 사용하는 생활필수품도 있고 에너지 사용량이 높은 기계도 있지요. 생활 속 기기들을 최종 이용한 에너지 형태에 따라 나눠 볼 수 있어요!

생활 속에서 사용하는 전자기기는 전기에너지를 공급하여 목적에 맞는 에너지로 변환합니다. 전기에너지는 거의 모든 생활기기를 움직이게 하는 동력원이에요. 천연자원을 직접 에너지원으로 사용하기도 하지만 조금 더 편리하고 깨끗하며, 효율성을 높이기 위해 전기에너지로 전환하여 사용합니다.

과학과 에너지

한정된 물질, 자원

우리가 사는 지구에는 개수나 양이 한정된 물질이 있습니다. 늘어나는 속도보다 쓰는 양이 더 많아 시간이 갈수록 줄어들기만 합니다. 자연에서 발견한 이것은 과연 뭘까요, 수수께끼 같지요? 어떤 물질인지 알아봅시다.

정답 중 하나로, 수억 년에 걸쳐 생성된 화석연료가 있습니다. 화석연료는 지구의 가장 바깥층, 지각(地殼)에 매장되어 있습니다. 자연에서 찾는 물질은 매장량이 적은 물질일수록 값어치가 커집니다. 또 다른 물질로는 다이아몬드, 금, 은, 동, 희토류, 니켈 같은 광물이 있습니다. 워낙 묻혀 있는 양이 적어 희소성 때문에 높은 가격에 거래되며 수요가 많아질수록 가치는 점점 더 올라갑니다. 광물뿐만 아니라 물, 식량, 수산물 등 사람이 먹고 누리는 모든 물질의 양 또한 한정되어 있습니다. 인류가 행복하게 살아가기 위해 사용하는 이러한 물질을 '자원'으로 분류합니다.

국가는 국민이 안정되고 편리한 생활을 영위하도록 한정된 자원과 에너지를 관리합니다. 모든 사람이 걱정 없이 사용할 수 있도록 공공기관을 설립하고, 국제기구를 만들어 함께 사용하고 보호할 수 있도록 운영하지요. 대표적인 공공기관에는 수자원공사, 수력원자력공사, 가스공사, 석유공사, 광물자원공사, 석탄공사, 토지주택공사 등이 있습니다. 자원을 오랫동안 지속적으로 사용할 수 있도록 탐구하고 연구·관리·공급하는 기관입니다.

4
에너지 소비 종류

천연 에너지 자원은 자연 그대로의 상태에서 바로 사용할 수 있습니다. 마른 장작에 불을 붙여 모닥불로 빛과 열에너지를 발생시킬 수 있지요. 여름철 캠핑장에서 수박 한 통을 사서 차가운 계곡물에 담가 놓으면 냉장고에 보관한 과일처럼 시원해집니다. 돛단배는 바다에서 부는 바람을 받아 돛을 펼쳐 이동합니다. 빨래한 옷을 빨랫줄에 걸어 두면 따뜻한 햇볕을 받아 자연스럽게 마릅니다. 또 온천수가 뿜어져 나오는 야외 온천에 몸을 담그면 따뜻한 열기가 전해져 기분이 날아갈 듯 좋습니다.

이 모두가 에너지를 직접 소비하는 형태입니다. 무더운 여름날 땀을 식히기 위해 산속 나무 그늘에서 맞는 시원한 바람도 우리가 사용하는 에너지입니다. 바닷가 해변에서 불어오는 해풍도 바람 에너지입니다. 자연에는 다양한 에너지가 있지만, 우리가 그것을 사용하려 해도 가까이에서 활용하지 못하면 그냥 흩어져 사라지고 맙니다.

자연 상태의 에너지는 바로 이용하기 어려우므로 언제 어디서나 쓸 수 있게 에너지를 전환해야 합니다. 우리는 에너지 소비자입니다. 에너지 전환은 생활을 편리하게 바꾸어 놓았습니다. 바람을 전기로 전환하여 더운 날씨에 에어컨 동력원으로 쓰게 됐습니다. 태양의 빛에너지를 연료전지에 저장해 두었다가, 밤이 되면 도로 위 안전 표지판의 전등을 밝힙니다. 에너지가 전환되는 과정은 1차와 최종 에너지로 나누어 설명할 수 있습니다.

+ 1차 에너지

자연에서 직접 확보하는 천연 에너지 형태를 말합니다. 석탄, 석유, 천연가스, 우라늄, 태양광, 풍력, 수력, 지열 등 자연적으로 생성된 에너지원을 1차 에너지라고 해요. 가공하거나 에너지 전환을 거치지 않은 상태죠. 자연 발생 그대로의 모습으로 사용할 수 있습니다. 1차 에너지는 수송·산업용 연료처럼 직접 이용하거나 소비자가 활용하기 편리한 형태로 전환하여 사용됩니다.

화력발전소나 원자력발전소에서 사용한 화석연료와 우라늄은 1차 에너지입니다. 발전소는 1차 에너지를 연료로 사용해 전기를 만들고, 이 전기를 송전과 배전 과정을 통해 우리에게 공급합니다. 땅속 깊은 지점에서 얻는 지열은 물을 데워 온수나 수증기로 전환할 수 있습니다. 태양으로부터 오는 빛으로 충전한 연료전지나 배터리는 자연에서 얻은 1차 에너지를 이용한 것입니다.

+ 최종 에너지

소비자가 사용하는 에너지는 여러 단계를 거쳐 만들어집니다. 자연에서 얻은 1차 에너지를 전기나 연료처럼 우리가 실제 사용하는 형태로 바꾼 것을 최종 에너지라고 합니다. 1차 에너지인 석탄을 태워 최종 에너지로 난방을 위한 열에너지를 얻을 수 있고, 어두운 밤을 밝히는 빛에너지를 생성할 수 있고, 증기기관차를 움직이는 운동에너지로 사용할 수 있고, 발전소에서 전기를 생산할 수도 있습니다. 대표적인 최종 에너지가 바로 전기에너지입니다. 1차 에너지를 가공하지 않고 바로 사용하면 천연 에너지원이 곧 최종 에너지가 됩니다. 예를 들어 따뜻한 온천수로 목욕할 때 온천의 열은 최종 에너지로 분류됩니다. 석탄을 직접 사용해 고기를 구워 먹으면 석탄은 소비자가 사용하는 최종 에너지가 되지요.

+ 에너지 전환

에너지는 한 형태에서 다른 형태로 바뀔 수 있습니다. 이를 에너지 전환이라고 해요. 양수 펌프로 댐에 물을 끌어 올려 저장해 두면, 저수지에 담긴 그 물 자체가 에너지원이 됩니다. 전기에너지를 사용해 양수 펌프로 강물을 높은 지대에 있는 댐

최종 에너지로 화려한 빛을 사용하는 모습

안으로 끌어 올려 위치에너지를 만들었기 때문입니다. 전력이 필요할 때 댐의 수문을 열어 수력발전기를 가동하면 전기에너지로 바뀝니다. 풍력발전기에서 생성한 전기로 수소를 생성하여 수소 연료전지를 충전하고 필요할 때 사용하는 방법도 에너지 전환을 통해 가능합니다. 바람을 담아 놓는 요술주머니 같은 기술이죠. 에너지는 과학기술을 이용해 열에너지에서 기계로, 운동에너지에서 열로, 빛에너지에서 전기로, 화학에너지에서 소리로 다양하게 전환될 수 있습니다.

바람 → 풍력발전기 → 전기에너지 → 수소 연료전지 →
전기차 동력원인 최종 에너지로 전환 (AI 과학 활용)

목적과 방법에 따라 에너지는 몇 단계를 거쳐 전환됩니다. 천연 에너지는 1차 에너지에서 출발해 2차 에너지, 그리고 최종 에너지로 바뀝니다. 경우에 따라 더 많은 단계를 거쳐야 소비자가 사용할 수 있게 되기도 합니다. 물론 이때 에너지 전환은 최초에 가진 에너지 크기가 마지막까지 전달되지는 못합니다. 전환 과정에서 손실이 발생하기 때문이에요. 에너지 손실은 마찰과 같이 외부에서 방해하는 원인에 따라 발생하며 에너지 산일이라고도 부릅니다. 전기는 발전소에서 수 킬로미터의 전선을 따라 가정으로 전달되는 과정에서 일부가 손실됩니다. 전선을 지나면서 발생하는 저항에 따라 일부가 열에너지로 바뀌기 때문에 발생하지요. 이를 전력 손실이라고 합니다. 튀김 소보로 빵이 집에 도착할 때 식는 현상도 에너지 손실입니다.

석유, 석탄, 천연가스 같은 자원은 화력발전소에서 전기를 만들 때 사용되지만, 이들이 가진 열에너지가 모두 전기로 바뀌는 것은 아닙니다. 일부 에너지는 사용되는 과정에서 손실되기 때문입니다. 에너지 효율이란, 에너지원 또는 에너지가 다른 에너지로 전환되면서 손실되는 부분을 제외하고 실제 사용되는 에너지의 양을 비율로 나타낸 것입니다. 그래서 에너지 효율이 높으면 손실되는 양이 적다는 뜻입니다. 주먹만 한 오렌지를 짜서 생과일주스를 만들었는데 컵에 반도 안 차게 부피가 줄어드는 걸 본 적이 있을 거예요. 부피만 비교하면 오렌지 껍질을 까서 직접 먹을 때 배가 더 부르고 효율이 높다고 할 수 있습니다.

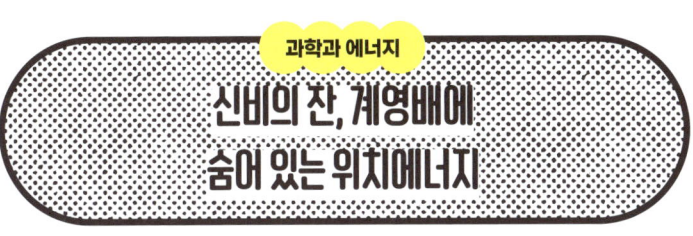

신비의 잔, 계영배에 숨어 있는 위치에너지

| 옆쪽 | 위쪽 |

계영배 ⓒ 국립박물관문화재단

선조의 지혜가 담긴 특별한 술잔이 있습니다. 부족함보다 지나친 욕심을 다스릴 줄 알아야 한다고 생각한 옛 선비들이 술자리에서 사용한 '계영배(戒盈杯)'라는 잔입니다. 술잔 가운데 원통형 관이 솟아 있으며, 그 관 아래 구멍이 뚫려 있어요.

술을 7할(70%)보다 넘게 따르면 잔 속에 있던 술이 모두 밑으로 빠져나가 버립니다. 과도하게 술을 마시지 말라는 경고와 함께 절제를 미덕으로 섬겼던 선비들의 지혜가 계영배에 담겨 있습니다. 위치에너지 원리를 이용하여 술자리에서도 마음가짐을 올바르게 갖도록 했습니다.

계영배의 원리를 살펴보면, 술잔의 중심에 원통 모양의 통로가 있습니다. 이 통로는 두 개의 구멍으로 연결되어 있는데, 하나는 술잔 안쪽에서 바닥으로 이어지고, 다른 하나는 술이 일정량 이상 차면 흘러나가게 되는 구멍입니다. 술잔 안에는 술이 70% 이상 채워졌을 때 술잔 아래쪽에 있는 구멍으로 연결되는 통로가 열리도록 설계되어 있습니다. 계영배의 숨은 비밀은 바로 사이펀(Siphon)의 원리입니다. 술이 빠져나가지 않도록 술잔 안의 기둥 모양 위쪽에 구멍 높이보다 부족한 듯 채워야 합니다. 높이에 따른 위치에너지를 이용해 욕심부리지 않는 삶을 살라는 지혜를 엿볼 수 있는 술잔입니다.

5
에너지를 이해하는 두 가지 법칙

과학자들은 '에너지'라는 용어를 1850년대가 되어서야 사용하기 시작했습니다. 처음에는 뜻이 무척이나 추상적이어서 에너지가 가리키는 의미를 쉽게 이해할 수 없었죠. 시간이 지나 사람들이 쉽게 이해할 수 있도록 에너지 정의를 다시 다듬었습니다. '외부 활동을 하거나 일을 수행하는 데 필요한 시스템의 능력'이라고요. 에너지 넘치는 친구는 몸에 저장된 능력이 많은 상태라고 할 수 있겠죠?

에너지와 힘은 다릅니다. 힘은 물체의 방향이나 속도를 변화시키는 물리적 양을 의미합니다. 주차장에 세워진 자동차를 두 손으로 밀면 서서히 움직이는데, 이것은 힘이 가해졌기 때문입니다. 사과를 두 손으로 잡고 반으로 쪼갤 수 있는 사람은 힘이 센 친구라고 할 수 있습니다.

영화 속 마동석 배우처럼 힘이 센 사람과 축구선수 손흥민처럼 에너지 넘치는 사람을 구별할 수 있다면 에너지와 힘의 차이를 잘 표현할 수 있습니다. 에너지는 물체에 힘을 가해 일정한 거리를 움직였을 때 그 힘이 물체에 한 일의 양을 말합니다. 예를 들어 정지된 자동차를 밀어 다섯 걸음 옮겼다면 에너지를 사용해 자동차의 위치를 바꾼 셈입니다.

주먹으로 사과를 부수는 모습(힘 표현)과
학생이 자동차를 미는 모습(에너지 표현) (AI 과학 활용)

에너지는 형태에 따라 서로 바뀔 수 있습니다. 에너지 전환은 에너지가 사라지는 것이 아니라, 다른 형태로 변환되는 과정입니다. 전기에너지로 헤어드라이어를 사용하면 열에너지로 전환되며, 연탄에 불을 붙이면 화석연료가 열에너지 형태로 존재합니다. 우리는 에너지가 전환되는 과정에서 두 가지 놀라운 사실을 알 수 있습니다. 바로 에너지 보존 법칙과 엔트로피 증가 법칙입니다.

+ 에너지 보존 법칙(열역학 제1법칙)

시스템 경계 내에서 에너지는 형태가 바뀌지만, 총량은 항상 일정하게 유지됩니다. 제주 감귤 하나를 짜서 주스를 만들면 형태는 바뀌지만, 감귤즙의 양은 그대로인 것과 같습니다. 에너지는 전환되면서 손실이 있을 수 있지만, 열이나 마찰 등으로 손실된 양을 모두 합치면 항상 같다는 의미입니다. 과자 봉지 속 부스러기까지 모아 보면 양이 많아 보이지만, 실제 중량은 처음과 다르지 않은 것처럼요.

+ 엔트로피 증가 법칙(열역학 제2법칙)

에너지가 전환되는 과정에서 항상 일부는 사용할 수 없는 형태로 바뀌는데, 이때 생기는 것이 바로 과정 에너지인 엔트로피(Entropy)입니다. 엔트로피는 자연스럽게 증가하는 방향으로만 흐릅니다. 이는 에너지 전환이 일어날수록 무질서도가 커진다는 의미입니다. 더운물과 찬물을 섞으면 더 따뜻해지지 않고 미지근해집니다. 엔트로피가 증가하는 현상입니다. 미끄럼틀을 타고 내려올 때 항상 엉덩이에 마찰로 인해 열이 발생합니다. 반대로, 엉덩이가 차가워지면서 미끄럼틀을 더 빨리 내려올 수는 없습니다. 에너지 변화는 자연현상에서 반대 방향으로는 진행될 수 없기 때문입니다.

총량이 일정하다는 법칙에서 에너지는 형태가 변할 뿐 사라지지 않는다는 걸 알 수 있습니다. 물론 하나의 에너지가 완전히 다른 형태로 바뀌지는 못합니다. 일부는 열이나 마찰에너지로 빠져나가는데, 예를 들어 스마트폰을 오래 사용하면 배터리가 뜨거워지는 것도 전기에너지 일부가 열로 바뀌기 때문이죠. 또 에너지가 한 방향으로만 전환되는 현상은, 인류가 사용할 수 있는 유용한 에너지 형태가 점점 줄어들 수밖에 없다는 예측을 뒷받침합니다. 즉, 땅속의 석유를 모두 쓰면 더 이상 화석연료가 남지 않게 된다는 의미입니다. 그래서 새로운 에너지를 찾아야 하고 이를 개발하고 활용하는 일은 미래를 살아갈 우리에게 중요한 과제입니다.

포켓몬의 에너지 전환

애니메이션 <포켓몬스터> 속 피카츄는 볼에서 전기에너지를 생성합니다. 피카츄는 음식을 먹어 체내에서 화학에너지를 얻고, 이를 전기에너지로 바꾸어 볼 속에 저장합니다. 건전지처럼 볼 속에 가득한 전기는 언제든 번개 같은 기술을 사용할 때 방출됩니다. 전기자동차처럼 전기샤워로 충전할 수도 있습니다.

포켓몬 속 파이리는 같은 음식을 섭취한 뒤 열에너지로 전환합니다. 입에서 불을 뿜어낼 수 있는 파이리는 연소 조건을 만족시키는 연료를 입으로 분출합니다. 음식을 먹고 에너지를 자유자재로 전환하는 포켓몬스터는 상상력으로 만들어 낸 작품입니다. 현실에서도 자유롭게 에너지를 전환할 수 있는 장치가 개발된다면 얼마나 좋을까요. 방전된 스마트폰도 언제든 다시 살아날 수 있을 텐데요.

6
천연 자연 에너지

자연에서 얻은 에너지를 천연 에너지라고 합니다. 천연 에너지는 우리 모두의 것입니다. 에너지가 발생하는 데 인류가 특별한 노력을 하지 않았기 때문입니다. 태양은 지구가 사용하는 모든 에너지의 시작점이자 근원입니다. 지구는 태양계가 만들어질 때 함께 탄생했으며, 아주 오랜 시간이 지나면서 대기가 형성되었습니다. 지구가 태양 주위를 도는 동안 산소가 만들어지고, 그 덕분에 생명체가 진화하기 시작했습니다. 동물과 식물이 살아갈 환경이 조성되고 태양으로부터 오는 빛과 열에너지를 통해 개체 수가 증가하며 다양해졌습니다. 땔감으로 사용하는 마른 나뭇잎이나 장작과 같은 식물은 최초의 천연 에너지원 중 하나입니다.

+ 태양

태양에서 오는 빛은 지구의 식물이 광합성을 하여 영양분을 만들고 성장하게 도와주는 원천입니다. 생명체는 햇빛을 이용해 생명을 유지하는 데 필요한 영양분을 만들어 냅니다. 누구나 사용할 수 있습니다. 내가 사용한다고 다른 사람이 적게 쓰지도 않으며 줄어들지도 않습니다. 천연 에너지의 장점 중 하나예요. 저녁이 되거나 구름이 많이 끼면 사라집니다.

+ 바람

지구의 공전과 자전, 태양이 만들어 낸 결과물이 바람입니다. 태양으로부터 열에너지를 받아 대류가 일어나고 공기가 이동하면 바람이 됩니다. 모터와 같은 동력기관이 없던 시절, 바람은 배가 바다를 항해할 수 있도록 하는 동력원이었습니다. 해적 영화에는 돛단배가 종종 나옵니다. 바람은 나쁜 해적이 영리하게 사용한 에너지원이었습니다. 방패연이 하늘 높이 날아오를 수 있는 것도 바람 덕분입니다.

+ 물

지구 표면은 70% 이상이 물이나 얼음으로 덮여 있습니다. 바다, 강, 저수지, 샘물, 빙하, 눈 등 다양한 형태로 존재합니다. 이러한 물이 모여 있는 영역을 수권(水圈)이라고 합니다. 온도 변화에 따라 물은 수증기 형태로 대기에 포함되고 응축하여 구름을 만듭니다. 대기 중 물과 수증기는 비, 눈, 우박의 모습으로 다시 지표면으로 내려오며 물의 순환을 보여 줍니다. 바다는 하루에 두 번 밀물과 썰물이 일어나면서 조수 차이를 통해 에너지를 만들어 냅니다. 댐에 내린 강우는 높은 위치에너지를 활용해 전기를 만듭니다. 물레방아는 물의 위치에너지를 운동에너지로 변환하여 떡방아를 찧습니다. 폭포에서 떨어지는 물은 자연이 만들어 준 에너지입니다.

+ 지열

땅속에서 나오는 열에너지입니다. 지열은 땅속 암석에 있는 방사성 동위원소가 분열할 때 생기고, 지구 내부에서 전해지는 열이 함께 모여 만들어집니다. 사실 지구가 처음 태어날 때부터 갖고 있던 열도 아직까지 땅속에서 계속 나오고 있답니다. 땅을 뚫어 지열이 높은 지점에서 얻는 열에너지는 지구가 순식간에 식지 않는 이상 오랫동안 사용할 수 있습니다. 지구

높은 온도에서 만들어진 증기를 내뿜는 지열발전소

의 나이는 약 45억 년으로 인류가 살아온 기간으로는 헤아리기 힘든 긴 시간입니다. 지열에너지는 반복해서 사용해도 우리가 살아가는 동안에는 줄어들 수 없는 에너지원입니다.

천연 에너지는 친환경적이지요. 아무리 사용해도 줄지 않으며 환경을 오염시키지 않습니다. 자연이 생명체에게 주는 귀중한 보물이에요. 우리가 사용법을 잘 알고 생활에 이용한다면 자연과 공존할 수 있는 환경을 만들어 갈 수 있습니다. 돋보기로 태양 빛을 모아 종이를 태웠던 어린 시절처럼 천연 에너지는 늘 우리 곁에 있습니다. 한껏 뛰어놀다가 나무 그늘에서 쐬는 시원한 바람도 그렇고요.

천연 에너지인 태양, 바람, 물, 지열이 사용되는 모습 (AI 과학 활용)

밤하늘을 비추는 손전등

달은 날마다 조금씩 모양을 바꿉니다. 머리카락이 매일 자라

듯 지구에서 바라보는 달의 모습도 변합니다. 달은 자전을 하

달 표면의 분화구까지 보이는 보름달 © NASA

면서 지구 주위를 약 한 달에 한 번 공전하기 때문입니다. 자
전과 공전 속도가 같은 달은 지구에 한 면만 보여 줍니다. 지
구를 쳐다보며 주위를 빙글빙글 돌고 있습니다. 과학자는 보
이지 않는 달의 뒷모습을 관찰하기 위해 우주 탐사선을 보내
기도 합니다.

둥근 보름달이 뜰 때면 어두운 골목길도 환하게 비추어 무서
울 게 없습니다. 땅바닥 돌부리에 걸려 넘어지지 않을 만큼
달은 밝게 비춥니다. 사실 달은 지구 주위를 도는 자연 위성
이라 스스로 빛을 만들지 못합니다. 지구를 가운데 두고 반대
편에 있는 태양 빛을 반사하여 비춥니다. 마치 거울처럼 태양

빛을 반사하는 거죠. 보름달은 상현달, 그믐달, 하현달, 반달 모습으로 한 달에 한 번씩 변해 갑니다. 한 달 동안 꾸준히 밤하늘을 올려다보며 관찰한 현상을 기록하고 그려 보면 그 변화를 알 수 있습니다. 오늘은 어떤 달이 떠 있는지 살펴보면 좋겠습니다.

우리의
오랜 친구
천연자원

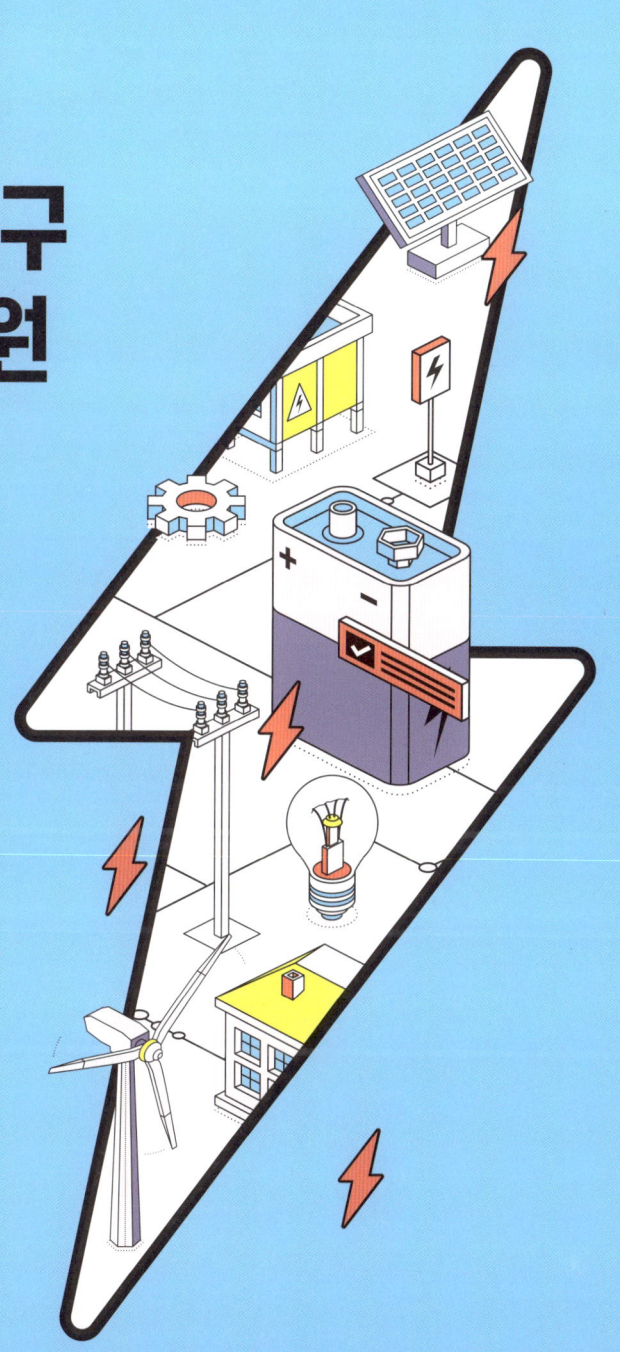

날씨가 건조하고 더운 중동 국가를 여행할 때 빠지지 않는 관광지가 사막입니다. 낙타를 타고 끝없는 모래 구릉을 걸으며 사막 풍경을 구경하죠. 사륜구동 오토바이를 직접 운전하거나, 모래 언덕에서 썰매를 타고 내려오는 체험은 빼놓을 수 없는 경험입니다. 사막은 비, 눈, 우박에 의한 강수량보다 증발량이 높은 건조한 기후 특성을 가진 지역입니다. 모래바람으로 눈을 뜨기 힘들 때도 있지만 건조한 기후에서 형성되는 사구(모래 언덕)와 바람을 타고 이동하는 모래 지형은 사막에서만 관찰되는 모습입니다.

여행 중 만나는 오아시스는 사막이 숨겨 놓은 보물입니다. 식물이 자라고 동물이 생활할 수 있는 환경을 제공합니다. 사람도 오아시스를 중심으로 생활하기 시작했습니다. 그리스 신화 속 제우스 신의 아들이자 영웅이 된 헤라클레스(Heracles)는 오아시스 주변에서 가족과 함께 살았다고 전해집니다. 물은 생명체가 살아가는 데 필수 자원으로, 자연이 준 소중한 선물입니다.

인류가 편리하게 살아가는 데 중요한 물질이 또 하나 있습니다. 바로 에너지 자원입니다. 생활에 필수인 전기에너지를 공급하기 위해 에너지 자원은 없어서는 안 될 물질입니다. 자연에서 최소한의 음식과 에너지로 살아가는 자연인처럼 살 수 있는 사람은 많지 않습니다. 하지만 현재도 아프리카, 동남아시아, 중동 일부 나라에서는 발전소 용량이 충분하지 않아 전기를 공급받지 못하는 도시가 있습니다.

만약 전기를 사용하지 못한다면 어떨까요? 아파트 3층에 살고 있어서 저는 조금 다행이라는 생각이 들지만, 천둥 번개나 사고로 인해 하루 동안 전력 공급이 멈춘다면 엘리베이터를 타지 못해 밖으로 나가지 않고 집 안에서 낮잠만 잘지도 모릅니다. 텔레비전도 나오지 않고 스마트폰 배터리도 떨어지고 컴퓨터도 사용할 수 없으니 어쩌면 책 읽기에 딱 좋은 시간이 될 수도 있겠네요.

전기의 원리를 밝혀낸 영국의 과학자 윌리엄 길버트(William Gilbert, 1544~1603)는 오늘날 우리가 대부분의 에너지를 전기로 사용하는 세상이 올 것이라 상상하지 못했을 것입니다. 1500년대 말 당시는 부엌에서 장작을 태워 요리하고, 기름을 넣는 호롱불로 빛을 밝히며 말이 끄는 마차나 증기기관차가 다니던 시절이었으니까요. 기술의 발전 덕분에 오늘날 우리는 가정은 물론 생활의 다양한 분야에서 전기를 최종 에너지로 활용하며, 보다 편리하고 친환경적인 방식으로 에너지를 사용하고 있습니다. 시골집에서 흔히 보이던 굴뚝 있는 초가집은 민속촌에서나 찾아볼 수 있는 옛 풍경이 되었습니다. 산타할아버지도 더는 굴뚝을 타고 내려오지 못하겠네요.

전기는 발전소에서 만들어지는데, 각 집에 들어오기까지 몇 단계를 거쳐야 합니다.

+ 연료

발전소에서 에너지를 만들려면, 먼저 에너지 자원이 필요합니다. 화력발전소는 무연탄, 유연탄, 석유, 천연가스 등 화석연료를 주 연료로 사용합니다. 연료는 에너지를 발생시키는 물질이며 에너지 전환을 통해 다른 형태의 에너지를 만듭니다. 화석연료는 동식물의 유해가 지층에 묻혀 오랜 시간 동안 높은 온도와 압력을 받아 생성된 에너지 자원입니다.

보일러

보일러는 연료를 태워 열에너지를 만들고, 뜨거운 열로 물을 데워 수증기를 만듭니다. 물이 뜨거워지면 부피가 커지고 압력도 높아져 고온과 고압의 수증기로 변합니다. 화석연료는 보일러를 통해 열에너지로 변환되며 물을 고압의 증기 상태로 배출합니다.

터빈

바람개비처럼 생긴 회전 날개를 돌려 동력을 얻어 내는 기계 장치입니다. 터빈은 증기 발전, 가스 터빈 발전, 항공기 엔진에 주로 사용되며, 높은 온도와 압력의 증기가 들어와 낮은 압력으로 배출되면서 날개를 움직입니다. 증기는 터빈의 날개를 돌려 가운데에 달린 축을 회전시킵니다.

발전기

터빈과 연결된 발전기 회전축이 돌면서 자석이 함께 회전운동을 합니다. 회전하는 자석 주변에는 자기장이 발생하며 전선을 여러 번 감은 코일에 음전하(-)가 흘러 전류가 나타납니다. 자기장의 마법입니다. 터빈의 회전에너지로 인해 전기에너지가 생성되는 현상입니다.

　전국에 가동 중인 화력발전소는 61기(2025년 기준)이며, 전체 전기 생산량의 90%를 공급해요. 전력을 공급하는 발전소는 지역별로 설치되어 있지요. 전기가 필요한 지역 근처에 발전소를 지어야 에너지를 효율적으로 송전할 수 있기 때문입니다.

　예를 들어 울산에서 생성한 고압 전류를 400킬로미터나 떨어진 서울까지 송전하려면 긴 전선과 많은 송전탑이 필요하고, 전기를 보내는 동안 전력 손실이 발생합니다. 전기를 멀리 보내면 전선에서 열이 나고, 이 열로 에너지가 빠져나가면서 전기가 조금씩 약해집니다. 이를 에너지 산일(散逸, Energy Dissi-

보일러, 터빈, 발전기를 거치며
화석연료로 전기를 만드는 발전소

pation)이라고 합니다. 에너지가 전환되는 과정에서 일부를 잃어버리는 현상이에요. 예를 들어 형광등을 켜서 빛에너지만 만들고 싶은데 형광등이 따뜻해지면서 열에너지도 함께 나오는 것이지요. 에너지 산일이 높을수록 더 많은 연료가 필요합니다.

천연자원은 전기를 생산하는 발전소의 연료로 사용됩니다. 대표적으로 화석연료와 원자력발전소에서 사용하는 우라늄이 있습니다. 발전소를 통해 전환된 전기에너지는 소비자가 편리하고 안전하게 사용할 수 있도록 제공됩니다. 머지않아 소비자는 최종 에너지로 전기에너지만 사용하게 될 것입니다.

부엌에서 쓰는 가스레인지는 점차 전기레인지로 바뀌고 있습니다. 도로 위를 달리는 전기자동차도 과거보다 더 쉽게 찾아볼 수 있습니다. 이 장에서는 전기를 만드는 데 쓰이는 천연자원에 대해 알아보겠습니다. 어떤 자원이 전기로 바뀌는지, 또 어떤 물질이 에너지로 사용되는지 그 답을 함께 찾아봐요.

영월빛드림본부 ⓒ 한국남부발전

보령발전소 ⓒ 한국중부발전

말썽꾸러기 아인슈타인의 발견

72번째 생일에 찍힌 '혀를 내민 알베르트 아인슈타인'
(1951) © Arthur Sasse

초등학생 시절 아인슈타인(Albert Einstein, 1879~1955)은 엄청난 말썽꾸러기였습니다. 집중력이 낮았고 선생님 말씀을 잘 듣지 않았지요. 학교에 잘 적응하지 못했던 그는 자신의 호기심을 채우기 위해 책을 통해 독학으로 공부했습니다. 어머니는 아인슈타인을 사랑과 정성으로 믿고 지켜봤으며 아들의 재능을 키우기 위해 노력했습니다.

어릴 적 사고뭉치였던 아인슈타인은 정형화된 교육 방식을 넘어 스스로 배우고 탐구했습니다. 1921년에 받은 노벨 물리학상은 아인슈타인의 유년 시절에 숨겨진 재능을 증명해

준 결과물이었습니다. 스스로 학습하는 능력을 키우며 청소년기를 보내고 물질의 내면에 감춰진 사실을 탐구하고자 노력했습니다. 학창 시절 아인슈타인을 '구제 불능'이라 판단했던 어른들은 천재를 이해하지 못하는 실수를 한 셈이죠.

자연을 이해하는 데 중요한 과학 원리 가운데 유명한 이론이 있습니다. 아인슈타인이 이야기한 물질의 질량과 에너지 관계입니다. 질량을 갖는 물질은 곧 에너지로 표현할 수 있다는 설명입니다. 정지 상태에 있는 물질의 질량에 진공 속 빛의 속도의 제곱을 곱하면, 그 물질의 정지 상태 에너지와 같다고 말했습니다.

$$E=mc^2$$

아인슈타인이 발견한 정의에 따르면 모든 물질은 에너지를 가지고 있습니다.

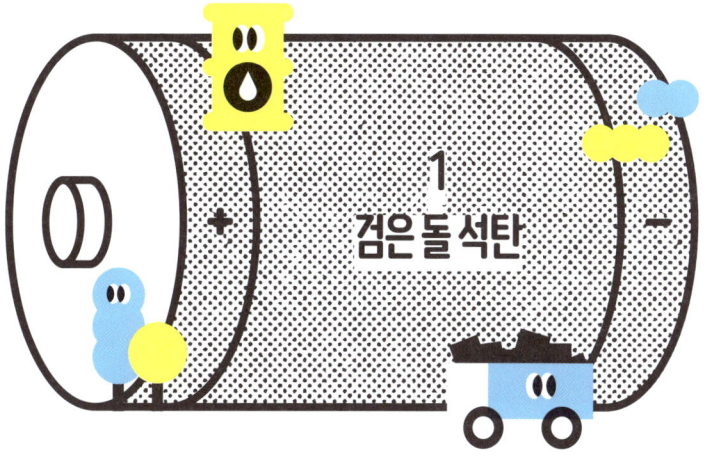

1
검은 돌 석탄

석탄은 오래전부터 사람들에게 친숙한 자원입니다. 거무스름한 색깔 때문에 사람들은 석탄을 '숯 검댕이'라는 별명으로 부르기도 했습니다. 바닷가로 여름휴가를 다녀오면 피부가 햇볕에 그을려 살이 벗겨지거나 구릿빛으로 물들어 버리는 걸 볼 수 있습니다. 자외선을 흡수하면서 피부 속 멜라닌 색소가 많아지기 때문입니다. 여름방학이 지나면 멜라닌 색소가 풍부해져 숯 검댕이처럼 까무잡잡한 친구들이 많아집니다. 하지만 겨울이 되면 다시 하얀 눈이 녹듯 그 색이 서서히 옅어집니다.

석탄이 만들어진 시기

석탄은 태어날 때부터 검은색을 띠는 성질을 지녔습니다. 땅속에 오랜 시간 묻혀 있다 보니 검은색을 띠는 성분이 많아졌습니다. 지구의 나이를 지질시대로 들여다보면 고생대 석탄기와 페름기는 석탄이 주로 생성된 시대입니다. 지금으로부터 약 3억 년 전 지구이니까 어떤 모습이었을지 상상이 잘 가지 않습니다. 30년 전만 해도 우리나라에 에어컨 있는 가정이 드물었으니 그보다 더 오래전 이야기는 과학자들이 탐구를 통해 밝혀낸 모습을 바탕으로 상상해 볼 수밖에 없습니다.

식물이 번성했던 고생대는 습지나 얕은 물에서 다양한 식

땅속에 매장된 화석연료, 석탄

물 종(種)이 자라고 죽으면서 오랜 시간에 걸쳐 퇴적하여 층을 이뤘습니다. 모래, 진흙, 돌멩이 등 광물이 쌓여 퇴적층을 형성합니다. 무거운 암석이 퇴적층을 누르면서 높은 압력과 땅속 열에너지의 영향을 받게 됩니다. 이때 식물을 이루는 유기물은 시간이 지나면서 압력과 열의 영향으로 탄소를 제외한 질소와 산소 같은 성분이 분리되어 빠져나가게 됩니다. 이 과정을 탄화작용이라고 하며, 석탄이 생성되는 데 중요한 역할을 합니다.

+ 석탄의 종류

탄소가 얼마나 남아 있는지에 따라 무연탄 〉 유연탄 〉 갈탄 〉 토탄으로 분류합니다. 갈탄은 상대적으로 탄소가 적은 석탄의 종류입니다. 석탄이라고 하면 일반적으로 무연탄을 가리키며 우리나라 광산에서 주로 생산하던 종류입니다. 우리나라 화력발전소는 유연탄을 핵심 연료로 사용합니다.

+ 산업혁명과 탄소

석탄은 1760년대 영국의 산업혁명을 주도했던 에너지원입니다. 산업혁명은 제품을 만드는 생산 기술의 발전 덕분에 손으로 만들던 수공업에서 기계를 사용하는 방식으로 바뀌며 사회에 큰 변화를 몰고 온 시기를 말합니다. 제임스 와트(James Watt, 1736~1819)는 증기기관을 개량하여 효율을 높였고, 이를 통해 석탄을 연료로 한 열에너지를 운동에너지로 바꾸었습니다.

어려서 어머니에게 교육받았던 와트는 성인이 되어 글래스고 대학교에서 기계공으로 일하며 새로운 발명을 했습니다. 와트의 증기기관은 놀라운 발명이자 위대한 업적입니다. 스코틀랜드에는 와트의 이름을 딴 우수한 헤리엇-와트 대학교가 있답니다. 증기기관은 자연에서 채굴한 에너지원을 바탕으로 인간의 노동력보다 높은 생산성을 제공했습니다. 증기기관의 발달로 석탄의 보급과 사용이 본격적으로 늘어나기 시작한 시기입니다.

〈제임스 와트와 증기 엔진〉 (제임스 엑포드 로더, 1855)

산업혁명을 통해 혁신적 발명품인 증기기관이 보급되기 시작했습니다. 검은 돌 석탄은 난방과 운송 연료, 전기를 만드는 발전소에 단일 에너지원으로 시장을 점유했지요. 다행히도 석탄이 생성되던 과거 지질시대에는 대륙 전역에 걸쳐 석탄의 기원이 되는 식물들이 자라며 퇴적되었습니다. 전 세계에 광범위하게 분포하며 인류가 충분히 사용할 수 있는 에너지 자원을 만들어 줬습니다.

인류는 화석연료 중 첫 번째로 석탄을 에너지원으로 채택하여 필요한 전기에너지를 생산하고 산업 발전의 동력으로 사용했습니다. 세계 첫 석탄발전소는 1968년 런던에 지어졌으며 142년 만인 2024년 9월에 가동을 멈추며 역사 속으로 사라졌습니다. 한국은 대한석탄공사에서 채굴하던 강원도의 마지막 광산을 2025년 6월 폐광했습니다. 에너지 자원으로서 석탄은 연소하면서 열에너지를 내지만, 이 과정에서 탄소가 공기와 화학반응을 일으켜 공해물질도 함께 발생시키기 때문에 사용량을 줄이고 있습니다. 미래 세대가 행복하게 살 수 있도록 환경을 보호하고 기후변화를 막기 위한 지구인들의 자구책입니다.

2024년 말 통계청 자료에 따르면, 총 28.7억 명이 살고 있는 중국과 인도는 여전히 값싼 에너지원인 석탄을 중심으로 전기를 생산합니다. 국제에너지기구(IEA)에서 조사한 결과 2022년 전 세계에서 생산한 전기 중 36%가 석탄으로 만들어졌습니다. 1년에 석탄 83억 톤을 사용했으니 여전히 엄청난 양이죠? 콜라, 아이스크림, 과자 같은 맛있는 간식도 매일 먹다 보면 충치가 생기고, 영양이 불균형해지며, 해로운 화학 성분을 섭취하게 되어 건강을 해칩니다. 석탄 에너지 역시 사탕처럼 달콤한 유혹으로 높은 에너지 효율을 제공해 산업 발전을 앞당겼지만, 그 대가로 지구에 이산화탄소, 질산·황산 가스, 분진 같은 해로운 물질을 배출해 심각한 환경오염을 일으켰습니다. 이제 석탄은 편리하고 친환경적이며 효율성이 더 높은 차세대 에너지원에 에너지 시장의 왕좌 자리를 서서히 넘겨주고 있습니다.

과학과 에너지

연탄불고기는 추억 속으로

맛있는 고기를 익혀 먹기 위해서는 열에너지가 필요합니다. 가정에서는 전기레인지에 프라이팬을 올려서 고기를 굽습니다. 야외 캠핑장에 나가면 휴대용 가스레인지를 사용하여 불판에 구울 수 있습니다. 나무 장작은 산불 예방을 위해 산림청 자연휴양림에서는 사용을 금지하고 있으나 방화 시설이

연탄에 고기를 굽는 모습

갖춰진 오토캠핑장에서는 가능합니다. 장작이나 참숯에서 나오는 열에너지는 바비큐의 맛을 더욱 풍미 있게 합니다.

원통형 모양의 무연탄으로 만들어진 연탄은 온돌방을 달구는 에너지원으로 알려졌지만, 사실은 역사가 오래된 주방 연료입니다. 나무에 이어서 한옥 가정에서 사용하던 에너지원입니다. 연탄을 피우며 나오는 연기와 열에너지는 고기 본연의 맛과 함께 어우러지며 환상적인 맛매를 탄생시킵니다. 연탄은 연소하며 발생하는 일산화탄소 등 해로운 물질과 환경오염으로 인해 사라져 가고 있습니다. 옛날 방식을 선보이는 음식점에서만 연탄에 구운 음식을 맛볼 수 있답니다.

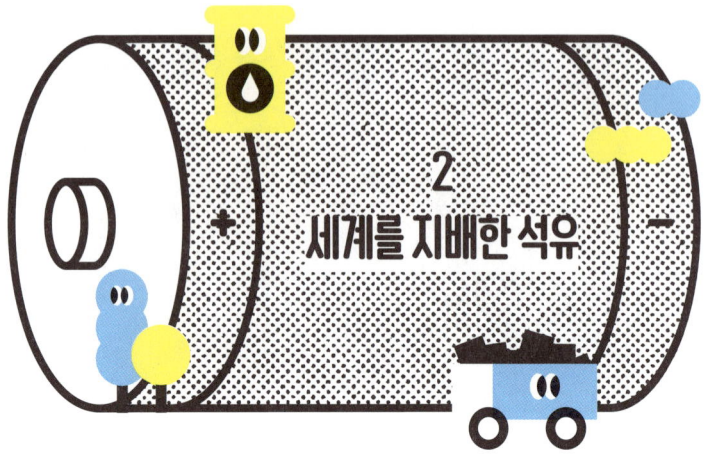

2

세계를 지배한 석유

땅속에서 흘러나오는 검은 액체, 석유는 전 세계 사람들이 주로 사용하는 중요한 에너지원입니다. 불을 붙이면 쉽게 연소하면서 열에너지와 빛에너지를 만들어 사람들이 일상생활에서 편리하게 사용할 수 있습니다. 드럼통에 담아서 필요한 곳으로 차에 싣고 이동할 수 있으며 안전하게 보관할 수 있습니다. 한국은 거제, 울산, 여수, 곡성, 구리, 서산, 동해, 평택 등 전국 여러 곳에 비축기지를 세워서 약 115일간 사용할 수 있는 석유를 안전하게 보관하고 있습니다. 정부는 석유가 부족해져 에너지 공급에 차질이 생길 때를 대비하여 국민이 안정적으로 전기와 연료를 사용할 수 있도록 석유를 비축하고 있습니다. 이렇게 하면 갑자기 에너지가 부족해져도 우리 생활과 공장이 문제없이 돌아갈 수 있답니다.

＋ 국제에너지기구

국제에너지기구는 석유 가격이 급격히 오르거나 시장이 불안정할 때를 대비해, 석유 에너지를 안정적으로 사용할 수 있도록 비축해 두는 사업을 각국에 권고합니다. 비축유는 마치 맛있는 사탕이나 젤리를 주머니에 간직하고 있는 아이와 같습니다. 먹고 싶을 때 조금씩 꺼내 먹기 위해 아껴 두면 마음이 든든하듯, 석유도 필요할 때 안정적으로 사용할 수 있도록 보관해 두는 것이죠. 특히 석유 생산국이 전쟁을 벌이거나 에너지를 무기로 삼아 국제사회를 위협할 때, 비축유는 중요한 대응 수단이 됩니다.

석유를 영토에서 생산해 내는 나라를 '산유국(産油國)'이라고 부릅니다. 산유국에는 미국, 러시아, 사우디아라비아 , 캐나다, 이라크 등이 있습니다. 한국도 2021년까지는 동해 앞바다에서 천연가스와 석유를 생산하는 산유국이었습니다. 우리나라는 다시 한번 산유국이 되기 위해 석유를 찾는 탐사 활동을 추진하고 있습니다.

+ 석유의 전성기 시절

1914년 제1차 세계대전이 일어났던 시기로 거슬러 올라가 석유에 대해 살펴보겠습니다. 제1차 세계대전은 오스트리아 황태자 부부가 세르비아 청년에게 사라예보 도시에서 암살당한 사건을 계기로 일어난 전쟁입니다. 오스트리아는 세르비아에 복수를 다짐하며 전쟁을 선포했습니다. 이로써 오스트리아 동맹국과 세르비아 동맹국이 참여하는 세계대전으로 확대되었습니다. 세르비아 편에 서서 전쟁에 승리한 영국은 석유가 에너지원으로서 매우 우수하다는 점을 발견했습니다. 군사 장비를 움직이는 동력원으로 사용하던 무겁고 다루기 불편한 석탄보다 석유는 편리하고 공급하기 쉬운 에너지라는 장점을 상대국보다 먼저 알아차렸습니다. 해상에서 싸우는 해군 함대의 동력 에너지원으로 석유를 사용했는데, 그 덕분에 상대를 이길 수 있는 최고의 기동력을 발휘할 수 있었습니다.

전 세계 강대국은 석유를 차지하려고 서로 경쟁하고, 때로는 싸우기도 했습니다. 그래서 같은 이해관계로 이루어진 국가 간 동맹과 연합이 시작되었습니다. 우리나라는 1880년대에 처음으로 석유를 사용했으며, 이는 조선시대 말 문인 황현(黃玹, 1855~1910)이 쓴《매천야록(梅泉野錄)》에 기록되어 있습니다.

석유의 기원

약 1억 년 전, 바다·강·호수 같은 해상환경에 살았던 플랑크톤과 산호초 등 해양 생명체가 물속에 퇴적하면서 석유가 만들어지는 기원이 됐습니다. 생명체를 이루는 유기물은 퇴적물이 쌓이면서 지하 깊은 곳에 매몰되어 높은 압력과 온도를 받았지요. 물속은 대기에 노출된 땅 위와 달리 동식물이 박테리아나 세균에 의해 빠르게 분해되지 않습니다. 그래서 석유의 기원이 되는 유기물이 보존될 수 있었지요. 흙 속에 함께 퇴적한 유기물이 오랜 시간에 걸쳐 높은 압력과 온도를 받아 분해되면서 천연가스나 석유가 만들어집니다. 석유는 지하 수십 미터에서부터 수 킬로미터 아래에서 발견됩니다.

깊은 땅속에 묻혀 있는 석유는 퇴적암이 형성되면서 만들어진 작은 구멍과 통로 사이를 흐릅니다. 등산하다가 만나는 바위나 암석을 손으로 만져 보면 오돌토돌하게 작은 알갱이로 구성된 걸 느낄 수 있습니다. 퇴적암을 이루는 광물은 크기와 모양이 다양해서, 입자들이 쌓일 때 그 사이에 눈에 보이지 않는 작은 틈이 생깁니다. 틈 사이에 숨어 있던 석유는 지하수처럼 퇴적층을 따라서 흐르며 파이프를 타고 우리가 사용할 수 있도록 배출됩니다. 강철 파이프는 요구르트에 빨대를 꽂아 음료를 빨아올리는 것처럼 땅속에 매장된 석유가 지상으로 올라올 수 있게 돕는 역할을 합니다. 인류가 등장하기 훨씬 이전인

고생대와 중생대에 만들어진 석유는 지각 운동에 따른 힘을 받으며 지구 깊은 곳에 숨어 있었습니다.

현재의 인류는 부족한 에너지를 공급하기 위해 생각만 해도 추운 영하 기온의 북극에서도 석유를 생산합니다. 북극 지역은 약 2억 년 전, 지구 최초의 거대한 초대륙인 판게아(Pangea)의 일부였습니다. 모든 땅이 하나로 연결되어 있어서 대륙을 걷다 보면 온 세상의 공룡을 모두 만날 수 있었습니다. 지질시대를 지나며 지구 표면은 맨틀 상부와 함께 지각이 움직이면서 오늘날 모습처럼 일곱 개 대륙으로 갈라졌습니다. 이것이 바로 1912년 독일의 지구물리학자인 알프레드 베게너(Alfred Wegener, 1880~1930)가 주장한 '대륙이동설'입니다.

지금보다 따뜻했던 시기의 북극은 다양한 식물과 동물이 살면서 풍부한 천연자원을 만들어 줬습니다. 오늘날 우리는 북극에서 뛰어놀던 동물을 떠올리며 북위 66.33도를 연결한 북극권 안 땅속에서 석유를 찾아내 생산하는 회사를 볼 수 있습니다. 추운 날씨 때문에 북극은 생태계 회복 속도가 느려서 환경을 보호하며 자원을 개발해야 합니다. 석유회사는 환경을 지키기 위해 땅속에서 올라오는 뜨거운 석유가 빙하를 녹이지 않도록 단열합니다. 북극뿐 아니라 현재 지구 곳곳에서 석유 에너지를 찾기 위한 탐사가 활발히 이루어지고 있습니다.

에너지원 중에서 석유는 가장 널리 사용되는 물질입니다.

빙하로 덮인 북극해에서 석유를 생산하는 모습 ⓒ Total

석유는 전 세계에서 사용하는 에너지의 30% 이상을 차지합니다. 자동차, 비행기, 배 같은 운송 수단뿐만 아니라 석유를 원료로 하는 석유화학 제품도 수천 가지에 이릅니다. 석유화학 공장은 석유를 구성하는 혼합물을 '정제' 과정으로 분리하여 필요한 제품을 만듭니다. 우리가 석유라고 부르는 검은색 액체는 탄소와 수소로 이루어진 탄화수소 혼합물이거든요.

　　석유는 가벼운 탄화수소부터 무거운 탄화수소까지 다양한 성분이 섞여 있어서 마치 여러 과일이 한 바구니에 담긴 과일 바구니와 같습니다. 이렇게 여러 가지가 섞여 있어서 혼합물이라고 합니다. 과수원에서 재배한 포도와 수박을 분리하여 좋아하는 과일별로 묶어서 판매하듯이 정제 과정을 거쳐 용도에 맞

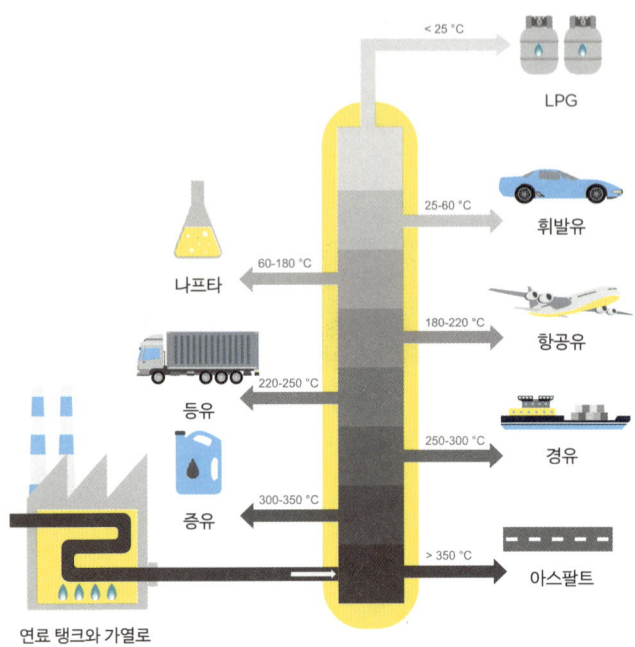

LPG

< 25 °C

휘발유

25-60 °C

나프타

60-180 °C

항공유

180-220 °C

등유

220-250 °C

경유

250-300 °C

증유

300-350 °C

아스팔트

> 350 °C

연료 탱크와 가열로

정제 과정을 통해 석유에서 다양한 제품으로 바뀌는 모습

게 성분을 나눈 뒤 자동차 연료, 난방 연료, 플라스틱 제조 등
필요한 곳에 맞게 활용할 수 있도록 합니다.

산유국은 지하에서 나오는 석유를 판매하여 막대한 수익
을 얻습니다. 바닷속 황금이 숨겨진 보물선을 찾아낸 기분일지
모릅니다. 석유는 세계를 움직이는 동력원인 만큼 산유국의 힘
은 더욱 커졌습니다. 에너지원으로서 석유가 없다면 지하철이
멈추고, 전기 공급이 불안정해지며, 우리의 일상이 불편해질 수

밖에 없는 에너지 시스템 속에서 살고 있기 때문입니다. 우리나라는 2년마다 '전력수급기본계획'을 수립하여 가정과 산업에 필요한 에너지를 안정적으로 공급할 수 있도록 대비합니다. 석유는 여전히 에너지를 공급하는 중요한 자원으로서 꾸준히 그 역할을 이어 가고 있습니다.

과학과 에너지

유럽인이 좋아하는 수동 변속기

유럽에는 세계적인 자동차 제조사가 많습니다. 우리나라에서는 고가의 외제 차량이지만 유럽에서는 현대, 기아 자동차처럼 흔하게 볼 수 있습니다. 물가가 비싼 유럽에서는 기름값 부담을 줄이기 위해 연료 효율이 높은 중·소형차를 선호하는 경향이 많습니다. 세계적인 명성을 자랑하는 BMW, 아우디, 메르세데스-벤츠 차량도 대형보다는 소형 모델이 더 많이 운행됩니다.

한 가지 더 눈여겨볼 점은 고급 차량임에도 수동 변속기일 때가 많습니다. 기어 변속은 속도를 높이거나 주행 상황에 맞는

수동 변속기

자동 변속기

자동차 변속기

힘을 전달하는 데 필요한 동력 장치입니다. 변속 장치는 전자 시스템이 자동으로 조절하는 자동 변속기와, 운전자가 클러치를 밟으며 직접 기어를 바꾸는 수동 변속기가 있습니다. 자동 변속은 수동에 비해 차량 연료를 더 많이 사용합니다. 유럽에서는 기름값이 비싸서 사람들이 수동 변속 자동차를 더 좋아합니다. 고가로 보이는 세단도 수동으로 운전하는 이유입니다. 자동차를 편리하게 사용하는 것보다 중요한 경제적 이유는 단순히 돈을 절약하는 목적만이 아닙니다. 연료를 효율적으로 사용해 에너지를 절약하고, 동시에 환경까지 보호할 수 있기 때문입니다.

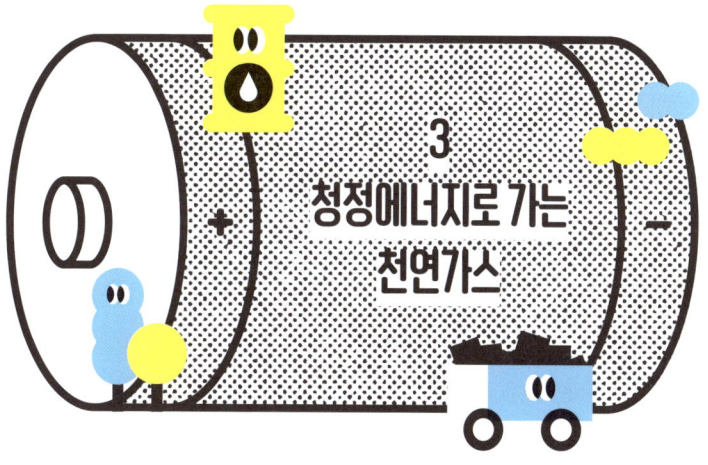

3
청정에너지로 가는
천연가스

땅속 암석에서 자연적으로 생성되는 천연가스는 인화성이 높아 불이 쉽게 붙습니다. 탄소와 산소가 합쳐진 탄화수소이며 산소와 결합해 열에너지를 생성하는 에너지 자원입니다. 천연가스의 기원은 석유가 만들어진 것과 유사합니다. 지층에 묻힌 동식물의 유해가 액체 석유보다 더 높은 온도의 영향을 받아 쌍쌍바 아이스크림처럼 둘로 나눠지듯 작은 원자들로 쪼개지면서 가벼운 천연가스 성분만 남게 됩니다.

지층 온도가 너무 높으면 액체 상태의 석유는 생성되지 않고, 모두 기체 상태인 가스만 만들어집니다. 천연가스는 주로

메테인, 에테인, 프로페인, 부테인 같은 가벼운 탄화수소로 구성되어 있습니다.

가정용 보일러 난방과 조리에 쓰이는 도시가스는 메테인이 대부분이며, 휴대용 가스 연료인 부탄가스는 부테인이 주성분입니다. LPG(액화석유가스) 자동차는 천연가스 성분 중 프로페인을 70% 이상 함유하고 있습니다. 이들 성분은 모두 천연가스나 석유에서 추출되어 용도에 따라 다양한 에너지원으로 활용됩니다.

+ 천연가스 발전 원리

우리나라를 포함한 많은 나라에서 가정용 난방에 천연가스를 사용합니다. 그래서 추운 겨울이 되면 전 세계 가스 사용량이 늘어나지요. 여름철이 되면 가스 소비량이 줄어들지만, 찬물로 목욕하면 깜짝 놀랄 수 있기 때문에 온수 사용을 위한 가스 소비는 꾸준히 이어집니다.

발전소에서도 전력을 생산하기 위해 천연가스를 연료로 사용합니다. 가스는 단단한 고체 석탄이나 액체 석유보다 밀도가 낮아서 연소할 때 산소와 접촉하기 쉬워 완전연소에 가깝습니다. 연소는 연료와 공기, 그리고 불이 붙을 수 있는 충분히 높은 온도가 모두 갖춰지면 열에너지를 내면서 일어나는 현상입니다. 불완전연소가 되면 화석연료에 남아 있는 탄소가 산소와 결합하지 못하고 일산화탄소 같은 공해물질을 배출합니다. 가스는 완전연소에 가까운 방식으로 불이 붙기 때문에, 열에너지로 전환될 때 환경에 해로운 오염물질을 적게 배출하는 장점이 있어요. 물론 대기오염 물질을 하나도 배출하지 않는 건 아니므로 100% 완벽한 무공해 에너지원은 아닙니다.

✛ 도시가스 도입

영국의 발명가 윌리엄 머독(William Murdoch, 1754~1839)은 1792년 석탄 광산에서 나오는 가스를 연료로 사용하는 조명을 발명했습니다. 가스등은 석탄에서 추출한 기체 상태의 가스를 연료로 빛에너지를 만들었습니다.

우리나라는 1909년 최초로 서울 진고개 등 상가 밀집 지역과 거주지에 가스를 공급했습니다. 1970년대에 들어서면서 도시들은 도시가스를 주 연료로 채택하고, 이를 본격적으로 공급하기 시작했습니다. 소비자가 필요할 때 언제든지 사용할 수 있도록 에너지가 연속적으로 공급된다는 사실은 당시로서는 매우 놀라운 변화였습니다. 마치 버스나 지하철이 줄줄이 소시지처럼 끊기지 않고 계속 다닌다면 얼마나 편리할지 상상해 보세요. 예전에는 학교에서도 겨울철 난방을 위해 석탄으로 만든

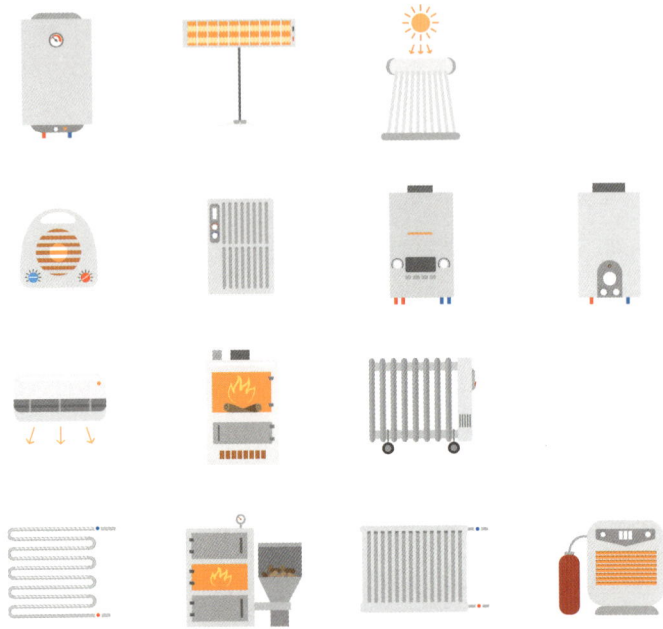

시대별로 사용된 난방기기

(왼쪽 위부터) 가정용 온수 및 난방용 보일러, 적외선 전기 히터, 태양열 난방기,
전기 팬 히터, 냉난방 겸용 에어컨, 벽걸이형 라디에이터, 전기온수기,
벽걸이형 난방기, 나무 펠릿 연료를 사용하는 난방기, 전통적인 주물 라디에이터,
온수 바온수 바닥난방 배관, 연료 보일러, 가정용 알루미늄 방열기, 오일히터

조개탄을 사용했지만, 이후에는 더 간편하고 깨끗한 벽걸이형
가스난로를 사용하기 시작했습니다.

천연가스의 장점

인류는 지구의 기온이 올라가는 온난화 현상을 막기 위해 청정에너지 자원을 찾기 시작했습니다. 미래 세대에게 아름다운 지구를 깨끗하게 사용하고 물려주기 위한 결정입니다. 과학자들이 찾은 천연가스는 소비자가 사용하기 전에 공기를 오염시키는 물질을 대부분 제거합니다. 완전 무공해 자원은 아니더라도 석탄이나 석유보다는 깨끗한 에너지원입니다. 깨끗하다는 뜻은 연료를 사용한 뒤에 공해물질이나 폐기물이 덜 발생한다는 의미입니다.

유럽에서는 지구를 뜨겁게 하는 온실가스를 덜 배출하기 위해 대체 에너지원으로 천연가스를 사용하고 있습니다. 이것이 바로 에너지 전환입니다. 유럽에서 석탄발전소는 문을 닫기 시작했고 천연가스를 액화시켜서 연료로 소비하고 있습니다. 가스는 부피가 크기 때문에 운반과 저장을 효율적으로 하기 위해 -162℃로 냉각해 액체 상태로 만든 뒤 공급합니다. 이를 액화천연가스(LNG)라고 합니다. 천연가스를 액화하지 않으면 삼겹살을 구울 때 쓰는 석유보다 훨씬 더 큰 부피가 필요합니다. 단점을 보완하는 기술 개발로 석유보다 깨끗한 에너지를 제공하게 되었습니다.

몸속에서 배출되는 가스

우리 몸에서도 가스가 나오는데요, 바로 방귀입니다. 방귀에는 어떤 성분이 들어 있을까요? 질소, 수소, 이산화탄소, 산소, 메테인 등이 있습니다. 메테인은 천연가스에 포함된 에너지원 중 하나입니다. 방귀 속에 아주 적은 양이 들어 있어 불꽃이 닿아도 폭발하거나 연소하지 않아 열에너지를 발생시킬 수는 없습니다. 방귀 속에 1% 정도 포함된 암모니아, 황화수소, 스카톨 성분은 냄새를 결정하는 대장입니다. 우리가 먹은 음식이 소화되면서 나오는 가스에 포함되어 있지요. 바로 냄새를 유발하는 원인입니다.

소리와 냄새로 찾아내는 보이지 않는 가스

'방귀탄'이라는 냄새나고 불량스러운 장난감이 유행한 적이 있습니다. 사람이 뀌는 방귀와 비슷한 냄새를 농도 짙게 살포하는 물건입니다. 돈을 주고 더러운 냄새를 사는 것이죠. 달리던 버스 안에서 방귀탄이 터지면 멈춰 서서 모든 승객이 내려야 할 정도로 냄새가 지독합니다. 가끔 방귀탄보다 더 지독한 냄새의 방귀를 뀌었다면 어제와 오늘 먹은 음식을 돌이켜 보면 그 이유를 알 수 있습니다. 단백질과 지방이 소화되면서 생긴 잔여물을 장내 세균이 분해할 때 가스가 생성되어 배출됩니다. 육류, 달걀, 우유, 고구마 등은 체내에서 지독한 냄새의 가스를 만드는 물질입니다. 냄새로 뭘 먹었는지 추리해 볼까요?

4
핵에너지 공급원
우라늄

지구는 가장 작은 단위 원소들이 모여 만들어졌으며, 그중 산소, 규소, 알루미늄, 철, 칼슘, 나트륨, 칼륨, 마그네슘이 전체의 98%를 차지합니다. 우라늄은 나머지를 구성하는 원소 중 하나이며 금속 성질을 띱니다. 금속은 전기와 열을 전달할 수 있는 물질이며 금, 은, 구리, 아연과 같이 고체입니다. 지각을 이루는 암석이나 작은 광물에 포함되어 있지요. 우라늄 원자는 양성자와 중성자로 이루어진 원자핵과 전자로 구성되며, 원자량은 약 238입니다. 원자량은 탄소 원자와 비교한 상대적인 질량을 의미합니다. 이는 마치 사과를 기준으로 다른 과일이 얼마나 더

독일 바이에른주 란트슈트 부근의 원자력발전소

무거운지 나타내는 것과 같습니다.

자연계에 존재하는 원자 중 가장 무거운 물질을 중금속이라고 합니다. 우라늄은 중금속에 속합니다. 광물이나 암석에 포함된 우라늄을 추출하여 고농도로 농축해 연료집합체인 핵에너지 연료로 사용합니다. 우리나라는 연료에 적합한 고농도 우라늄이 매장된 광산이 없어서 외국에서 수입해 옵니다.

+ 강력한 에너지원

물리학자 아인슈타인은 1905년에 질량을 가진 물질은 에너지를 지닌다는 놀라운 이론을 발표했습니다. 우라늄 물질에서 핵에너지를 추출할 수 있는 기술의 시작입니다. 사람은 아침, 점심, 저녁으로 섭취한 음식물 중에서 신체를 움직이는 데 필요한 소량의 에너지만 소화기관에서 사용합니다. 원자력발전소는 우라늄 연료를 이용해 열에너지를 발생시키는데, 우라늄 질량의 약 1%만이 에너지로 전환됩니다. 비록 그 비율은 작지만, 핵에너지는 그 어떤 것과도 비교할 수 없을 만큼 막대한 에너지를 만들어 내는 강력한 에너지원입니다.

+ 세계 최초 원자력발전소

세계 최초 원자력발전소는 1956년 영국에 건설되었습니다. 우리나라는 1978년 기장군에 고리원전 1호기가 준공됐습니다. 원자력 발전기 1호는 40년간 전기에너지를 생산하고 2017년에 가동을 멈췄습니다. 우라늄이라는 천연자원으로부터 가정과 산업에 필요한 전기에너지를 만들어 내는 발전소입니다.

+ 원자력 발전 원리

우라늄 원자핵에 중성자 하나가 결합하면 원자핵이 두 개로 나눠집니다. 무시무시한 에너지를 발생시키는 핵분열입니다. 핵분열과 함께 우라늄은 두세 개의 중성자를 분출하며 다른 우라늄을 분열할 수 있습니다. 구슬치기 놀이처럼 하나의 구슬이 부딪치며 주변 구슬에 연쇄 충돌하여 구슬을 튕겨 내는 효과입니다.

핵분열이 연쇄적으로 일어나는 현상을 연쇄반응이라고 합니다. 핵에너지는 우라늄 원자핵이 분열할 때 방출되는 에너지로, 원자력 에너지라고도 불립니다. 이 과정에서 안정된 상태였던 원자핵이 더 작은 원자핵으로 쪼개지며 불안정한 상태로 변하고, 그 결과 막대한 에너지가 발생합니다. 원자핵이 불안정한

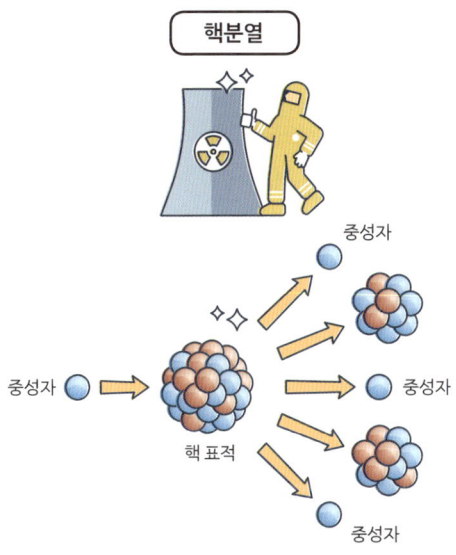

원자력발전소의 핵분열 원리

상태가 되면 방사선을 방출하는 능력인 방사능을 갖습니다. 원자력발전소가 태풍, 지진, 폭우와 같은 자연재해로부터 방사능이 누출되지 않도록 튼튼하고 안전하게 지어져야 하는 이유입니다.

✛ 핵에너지의 장점과 단점

1그램의 우라늄이 만들어 내는 에너지는 석유 9배럴, 석탄 3톤이 낼 수 있는 양과 비슷합니다. 더 적은 무게로 더 높은 에너지를 생성한다는 점이 엄청난 장점이죠? 에너지 자원의 사용량과 발생하는 에너지의 양을 식사와 비교하면 식탁을 가득 채운 음식 대신 작은 에너지바 하나로 충분한 식사가 되듯 핵에너지는 효율성이 뛰어납니다.

원자력발전소는 핵분열로 발생한 열에너지로 물을 데워 증기를 생산합니다. 높은 온도의 증기는 터빈을 돌려서 전력을 만듭니다. 화력발전소와 사용하는 연료만 다를 뿐 전기를 생산하는 과정은 같습니다.

핵분열이 진행된 우라늄과 원자력발전소에서 사용한 모든 물질은 특별한 처리와 관리를 받아야 합니다. 핵분열 후에 불안정해진 우라늄 원자에서 해로운 방사선이 많이 발생하기 때문입니다. 발전소에서 에너지를 생산한 후 남은 연료 물질은 핵폐기물로 분류됩니다. 이들은 방사능의 세기에 따라 구분하여 자연에 노출되지 않도록 철저하고 안전하게 관리됩니다. 사용한 우라늄 연료집합체는 재사용할 수 있습니다.

방사선은 동식물을 죽이거나 유전자 변형을 일으킬 수 있는 강력한 에너지원입니다. 종이나 나무, 얇은 콘크리트 벽을 투과할 수 있어 건물을 붕괴시키거나 생명체를 통과하면 세포가 죽거나 변형됩니다. 방사선은 핵분열 과정을 거친 핵에너지 연료에서 나옵니다. 핵연료는 사용 후 방사능이 안정될 때까지 처분하는 데 1만 년이 걸립니다. 1만 년이 지나야만 생태계에 해로운 방사선 방출이 멈춥니다. 강력한 에너지 자원이라는 장점만큼 오랜 시간 안전하게 폐기물을 보관해야 하는 문제점도 함께 가지고 있습니다. 한마디로 우리가 사용한 핵에너지는 1만 년이라는 긴 시간에 걸쳐 미래 세대에게 넘기는 짐입니다.

과학과 에너지

무한 에너지원 태양의 정체

태양은 매일 아침 동쪽 하늘에서 뜹니다. 지구가 시계 반대 방향으로 자전하기 때문이죠. 울산 간절곶은 우리나라 동해에서 제일 먼저 일출을 볼 수 있는 명소입니다. 아침마다 떠오르는 태양은 여름철과 겨울철에 상당히 다른 느낌입니다. 여름의 태양은 '뜨겁다'라는 말이 어울리고, 겨울의 태양은 '따뜻하다'라는 표현이 잘 어울립니다.

태양은 딱딱한 암석이 아니라 수소와 헬륨으로 이루어진 기체 상태입니다. 내부에서 수소 원자가 합쳐집니다. 태양을 구성하는 네 개 수소 원자는 핵융합을 통해서 한 개 헬륨 원자를 생성하며 엄청난 열과 빛에너지를 발산합니다. 핵분열

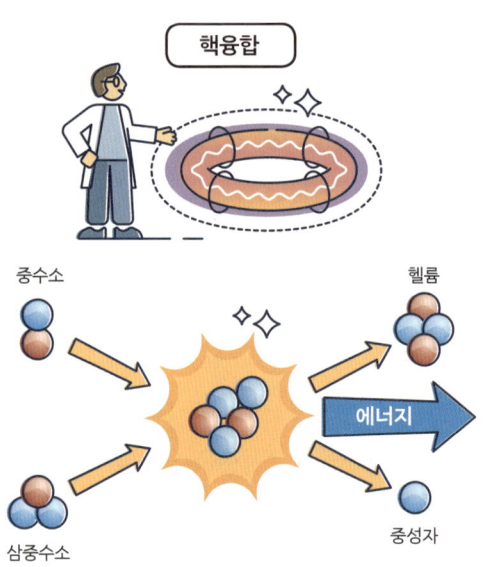

태양이 에너지를 만드는 원리

과 반대로 작용하는 현상입니다. 태양은 달과 다르게 <u>스스로</u> 빛을 내는 항성입니다. 표면온도는 6,000℃ 정도지만 내부 온도는 약 1,600만 ℃나 됩니다.

강렬한 빛을 내뿜는 태양은 절대 맨눈으로 직접 바라보면 안 됩니다. 태양은 눈을 손상시킬 수 있으므로 빛의 양을 줄여 주는 특수 필터를 사용해 안전하게 관찰해야 합니다.

신비로운
신재생에너지

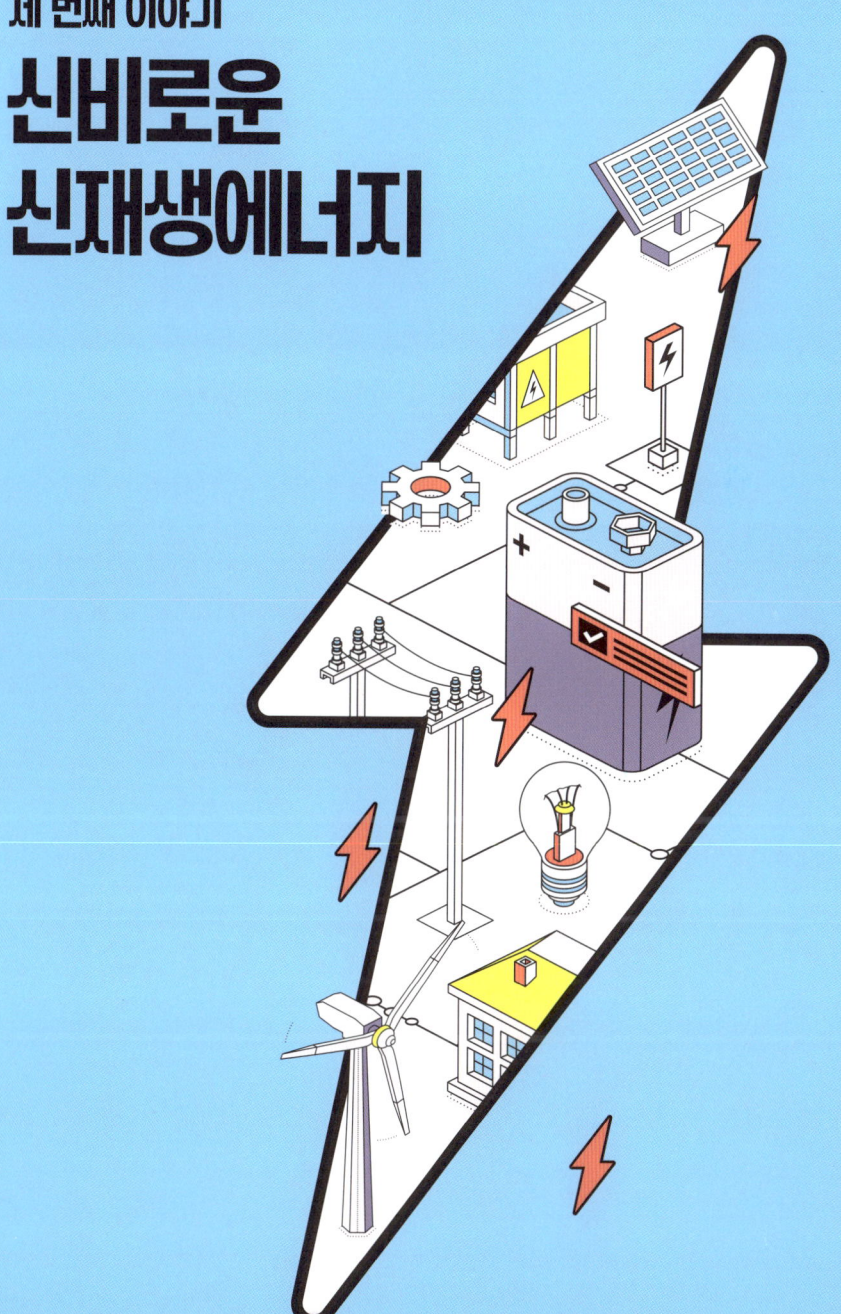

새로운 현상을 탐구하는 일은 현재를 변화시키고 발전시키는 중요한 활동입니다. 찰스 다윈(Charles Robert Darwin, 1809~1882)은 생명체가 환경에 적응하면서 자연에 의해 선택되는 과정을 관찰하고, 이를 바탕으로 진화론을 주장했습니다. 생태계에서 살아가는 사슴 중 목이 긴 사슴만이 높은 나무 위 먹이까지 닿아 살아남을 수 있었다는 이야기를 들어봤나요? 이런 자연선택의 개념은 찰스 다윈이 주장한 진화론의 핵심이며, 그의 저서 《종의 기원》은 바로 이 진화론의 출발점이 된 중요한 책입니다.

종은 생물을 분류하는 기초 단위로, 같은 특성을 지닌 개체들이 모여 이루는 생명체의 집단을 의미합니다. 이와 마찬가지로 에너지도 열에너지, 전기에너지, 운동에너지 등으로 종류를 구분합니다. 생명체는 환경에 적응한 종만이 시대를 넘어 진화를 거듭하며 오늘날 지구에서 인류와 함께 살아가고 있습니다. 에너지 세계에서 에너지원도 생물의 진화와 같은 흐름으로 나아가고 있습니다. 환경에 피해를 주지 않는 에너지만이 인류에게 선택되고 있습니다.

✛ 대체 에너지를 찾아서

에너지를 사용하는 인류는 지구에 살아가면서 환경과 생명체에게 피해를 주지 않는 자원을 끊임없이 찾아 나서고 있습니다. 주요 에너지원으로 사용되는 화석연료는 재생이 불가능하고 양이 한정되어 있기 때문에, 이를 대체할 수 있는 에너지를 연구하려는 노력이 함께 이루어져 왔어요. 과학자들은 현재와 같은 속도로 석유를 소비한다면 약 50년 후에는 고갈될 것이라고 전망했습니다. 에너지 사용 방식이 달라지지 않는다면 올해 태어난 아이가 어른이 될 때쯤 석유 자원이 모두 사라질 수 있다는 것입니다. 마치 공책에 잘못 쓴 글자를 지우개로 지우다 보면, 학년이 끝날 때쯤 지우개가 작아지는 것처럼요. 화석연료를 대신할 친환경적인 대체 에너지가 꼭 필요합니다. 석유가 고갈되기 전에 발견해야 합니다. 지우개를 아껴 써도 한 학년을 마치려면 결국 여러 개가 필요합니다.

고갈되지 않는 에너지

한 시대에 에너지 자원으로 채택되는 배경에는 당시의 국가별 과학기술력과 사회적·경제적·정치적 선택이 영향을 미칩니다. 오늘날 우리 사회는 친환경 에너지원을 찾아 기존의 화석연료 시스템에서 천천히 전환해 나가고 있습니다. 재생에너지는 무한한 에너지를 공급해 주는 청정에너지 자원입니다. 이름 그대로 다시 만들어지고 순환하는 에너지이기 때문에 아무리 사용해도 닳아 없어지지 않습니다. 게코도마뱀 꼬리처럼 잘려 나가도 다시 재생됩니다.

아무리 사용해도 고갈되지 않는 에너지는 어디서 비롯될까요? 그 답은 햇빛, 바람, 물, 지열, 식물의 유기물 분해 활동처럼 모두 자연에서 얻을 수 있는 자원입니다. 재생에너지 종류에는 태양, 풍력, 수력, 해양, 지열, 바이오, 폐기물이 있습니다. 깨끗하고 지속 가능한 에너지원입니다. 햇빛도 저녁이 되면 사라지고, 물이 전혀 없는 사막도 있으며, 바람 한 점 없는 열대야도 있습니다. 그래서 사람들은 묻습니다. "그렇다면 태양광을 밤에는 어떻게 쓸 수 있죠?", "사막에서도 수력 발전이 가능할까요?", "바람이 없는 날엔 풍력은 쓸모없나요?" 이렇게 질문은 또 다른 질문을 낳으며, 우리는 그 속에서 더 나은 해답을 찾아갑니다. 이것이 바로 과학의 시작이자, 에너지 문제를 해결하려는 끊임없는 탐구의 과정입니다.

지구와 인류의 공존을 위한 신재생에너지의 선택

　우리는 이제 재생에너지가 가진 신비로운 비밀을 하나씩 파헤쳐 보겠습니다. 환경을 오염시키지 않고 계속 사용할 수 있다는 장점도 있지만 날씨나 계절, 지역 조건, 시간에 따라 생산량이 달라지는 등의 약점도 있습니다. 과학기술이 발전하면 모든 약점이 사라지고 지구의 든든한 에너지 자원이 될 수 있습니다.

✦ 재생에너지의 강점

① 친환경 에너지입니다. 자연에서 얻으면서 환경을 파괴하지 않고 사용할 수 있습니다. 재생에너지 시설은 에너지원을 고갈시키지 않고 자연과 어울리며 소비자에게 필요한 최종 에너지로 전환됩니다.

② 공해물질이 없습니다. 에너지를 생성하는 과정에서 공해물질을 배출하지 않습니다. 매연이나 폐기물을 추가로 남기지 않습니다. 산업 쓰레기를 생산하지 않기 때문에 후대에 문제를 넘기는 일을 초래하지 않습니다.

③ 지속 가능합니다. 재생에너지를 사용하더라도 온실가스를 발생하지 않습니다. 공해물질이 나오지 않는 친환경적인 에너지원이라 인류가 사용하더라도 지구 생태계를 파괴하지 않고 자연과 더불어 살아갈 수 있습니다.

④ 무한합니다. 에너지원은 누가 사용하더라도 크기가 줄어들지 않습니다. 태양처럼, 바람처럼, 바다처럼, 땅속에서 발생하는 열처럼 무한하게 에너지를 공급해 줍니다.

⑤ 비용이 들지 않습니다. 자연은 어떤 개인이나 집단의 소유물이 아닙니다. 하나뿐인 태양은 지구에서 살아가는 모든 생명체의 에너지원입니다. 태양의 주인은 없습니다. 누구든 하늘에서 비추는 태양을 바라보며 웃을 수 있습니다. 에너지원을 사기 위해 비용을 낼 필요가 없습니다.

⑥ 지역적 편중성 없이 공평합니다. 우리가 맞이하는 아침은 전 세계 어느 나라에 있든 지구가 자전하며 어김없이 찾아옵니다. 대기가 순환하며 바람도 붑니다. 바람은 세차게 불 때도 있고 멈춘 듯 불지 않을 때도 있지만 1년 365일 바람이 없는 나라는 없습니다.

재생에너지의 약점

① 높은 설치비 투자가 필요합니다. 우리에게 없던 에너지 생산 설비를 짓기 위해서는 경비를 들여야 합니다. 처음 화력 발전소를 건설할 때도 마찬가지였습니다. 도시가스를 가정용 연료로 채택했을 때도 가스 파이프라인을 구축하기 위해 많은 사회적 비용을 투자해야 했습니다. 에너지를 생산·저장·수송·공급하는 사회기반시설을 설치해야 합니다.

② 변동성이 높습니다. 자연은 일정하지 않습니다. 나비의 날갯짓도 예측하기 쉽지 않습니다. 화산이 언제 폭발할지 추정하지만 정확하지 않습니다. 재생에너지원은 자연에서 얻기 때문에 에너지 강도, 공급 주기, 지속성이 일정하지 않습니다. 에너지 생성이 연속적이지 않고 간헐적입니다.

③ 에너지 밀도가 낮습니다. 현재의 기술력으로 화석연료와 같은 에너지의 양을 재생에너지로부터 얻으려면 더 많은 시

간이 필요합니다. 자연이 발산하는 에너지원은 무한하지만, 강력한 에너지를 공급해 주지는 않습니다.

에너지원은 하나만 있으면 불안합니다. 단일 에너지원에서 공급이 중단되거나 소멸하면 모든 동력원이 멈춰 버릴 수 있으니까요. 다양한 에너지원을 통해 공급받아야 필요한 양을 생산하기 위해 서로 보완하고 보충할 수 있어서 안전합니다. 일주일에 한 번씩 문을 닫는 음식점만 있을 때보다 여러 종류의 식당이 함께 있다면 외식할 때 걱정이 없는 것과 같습니다.

과학기술은 에너지를 만들어 내는 새로운 방법을 끊임없이 연구하며, 미래를 위한 신에너지를 찾고 있습니다. 수소에너지, 연료전지, 석탄 액화 또는 가스화 방법은 현재까지 발견된 신에너지입니다. 많은 과학자가 고갈되지 않으면서도 환경에 부담을 줄이는 에너지를 효율적으로 생성하기 위해 신에너지 분야에서 노력하고 있습니다. 신에너지와 재생에너지를 합쳐서 신재생에너지라고 부릅니다.

부싯돌에서 처음 불을 피운 시절처럼 신재생에너지는 신비로운 에너지를 제공해 줍니다. 순수하게 자연에서 얻기도 하고 다양한 물질의 변환 과정에서 에너지를 추출하기도 합니다. 과학자들은 지구 밖 다른 행성까지 우주 탐사선을 보내어 새로운 강력한 에너지 자원을 찾기 위한 탐사를 이어 가고 있습니다. 미래의 에너지를 기대하며, 지금 우리에게 공급 가능한 신재생에너지에 대해 자세히 살펴보겠습니다.

지구를 넘어 우주로

우리는 왜 천체망원경으로 지구 밖을 관찰할까요? 그것은 우리가 사는 지구를 더 자세히 알고 싶기 때문입니다. 지구의 대기권 밖 우주는 무한한 공간과 물질들로 채워져 있습니다. 생명체는 지구뿐 아니라 다른 은하에도 존재할 거라고 과학자들은 생각합니다. 인류보다 고도로 발달한 과학기술을 가지고 있을 수도 있고, 강한 에너지원을 사용하고 있을 수도 있습니다. 아직 지구가 가진 과학기술력으로는 다른 별의 생명체에 대한 존재 여부를 확인하지 못했지만, 머지않은 미래에 서로 소통할 날이 오지 않을까 기대합니다.

우주로 여행을 떠나는 탐사선은 태양에너지와 충전 전지를 주 동력원으로 머나먼 거리를 항해합니다. 2024년 10월 14일에 목성으로 출발한 미국 항공우주국(NASA)의 유로파 탐

목성과 네 개의 갈릴레이 위성

사선은 5년 반 동안 29억 킬로미터를 여행하여 2030년 4월 무렵에 도착할 예정입니다. 목성과 목성의 갈릴레이 위성 네 개 중 하나인 유로파에 도착하여 생명체가 살 수 있는 환경 조건이 있는지 확인하러 떠났습니다. 새로운 미지를 찾는 탐험은 한계를 뛰어넘어 끊임없이 전진하고 있습니다.

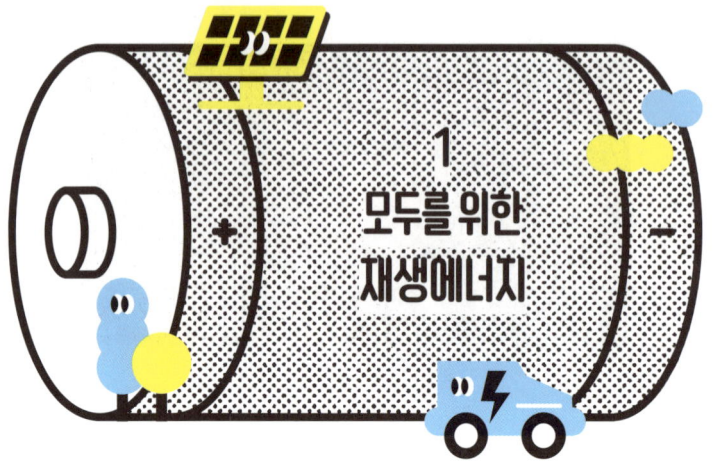

1
모두를 위한
재생에너지

자연에서 에너지를 얻는다는 생각은 정말로 기발합니다. 우리가 평소에는 잘 의식하지 못하지만, 주변의 다양한 물질로부터 에너지를 얻는 재생에너지는 사실 아주 오래전부터 인류가 사용해 온 소중한 에너지원입니다. 식물은 광합성을 통해 태양에너지를 흡수하고, 이를 이용해 열매를 맺고 곡식을 자라게 합니다. 이 과정은 우리에게 필요한 식량을 제공하는 자연의 중요한 에너지 변환입니다. 네덜란드의 풍차와 돛단배의 돛은 바람을 이용했고, 방앗간의 물레방아는 물의 낙차로 곡물을 빻아 인간의 노동 에너지를 보존할 수 있도록 도왔습니다.

기원전 4000년 즈음하여 문명이 발생하면서부터 재생에너지는 인간에게 본격적으로 활용되기 시작했습니다. 오늘날 과학기술이 발달한 모습을 갖추기 이전에도 재생에너지의 근원인 태양, 물, 땅, 바람은 모든 생명체에게 필요한 에너지 공급원이었습니다. 하나라도 갑자기 사라졌다면 현대문명이 빠르게 발전하지 못했을 겁니다. 지금부터 인류와 함께해 온 재생에너지가 어떤 에너지원을 활용하는지 알아볼까요?

지속 가능한 미래를 밝히는 재생에너지

+ 태양에너지

지구에 도달하는 태양의 열과 빛을 이용합니다. 태양에서 방출하는 에너지는 빛의 형태로 나옵니다. 빛은 열에너지를 가진 적외선, 우리 눈으로 볼 수 있는 가시광선, 물질을 통과하는 능력이 좋은 자외선으로 나눠집니다. 1800년에 천문학자 윌리엄 허셜(William Herschel, 1738~1822)처럼 프리즘으로 빛을 관찰하면 눈으로 구별할 수 없었던 빛의 성질을 알 수 있습니다. 바로 빛의 굴절 현상입니다. 프리즘을 통해 빛을 나누면 일곱 가지 무지갯빛뿐만 아니라 서로 다른 에너지를 가진 파장 형태로 구분되어 빛의 영역마다 온도가 다르다는 사실도 알게 됩니다.

태양열은 지구로 들어오는 복사에너지 중 적외선의 열을 흡수하여 사용하는 방식입니다. 집열기를 통해 열에너지를 모아 물을 데우거나 난방 등에 활용합니다. 반면 태양광은 햇빛이 반도체에 흡수되면서 전자를 방출해 전기를 만들어 내는 방식으로 에너지를 만듭니다. 이 현상을 광전효과라 하며, 태양전지판에서 일어납니다. 두 에너지원 모두 태양에서 비롯되지만, 활용하는 방식은 서로 다릅니다.

길을 걷다 보면 태양광을 이용하는 태양전지가 눈에 많이 띕니다. 아파트 단지에 작은 가정용 전지판과 넓은 들이나 산에 태양광을 이용하여 전기를 생산하는 지역이 증가하고 있습니다. 발전소와 같이 커다란 공장에서만 전기를 생산하는 게 아니라 작은 태양전지판만 있으면 어디서든 전기를 만들어 낼 수 있습니다. 기술의 발전으로 2010년 대비 2021년엔 태양광 설치 가격이 85%나 감소했습니다. 유기 태양전지는 실내 조명에서도 전력을 생산할 수 있는 기술입니다. 에너지 소비가 적은 컴퓨터 마우스, 리모컨, 시계 등 일상생활에서 사용하는 소형 기기들과 결합해 활용되고 있습니다.

하루에 낮과 밤이 있고 계절에 여름과 겨울이 있는 만큼 태양에너지는 시간에 따라 생성되는 양이 달라집니다. 지구와 태양 사이의 거리도 멀기 때문에 에너지의 크기를 나타내는 밀도도 높지 않습니다. 특히 장마철이나 구름이 많은 흐린 날에는 대기 중에 장애물이 생겨서 태양에너지가 지표까지 도달하지 못하고 반사됩니다.

태양광발전소는 발전 시설 설치로 인해 자연이 훼손되거나 눈부심과 부동산 가치 하락 등의 문제를 일으켜 지역주민과 갈등을 빚기도 합니다. 단점을 보완하기 위해 과학자들은 새로운 기술을 연구하고 있습니다. 우주 태양광 발전은 지구를 도는 인공위성에서 더 강한 태양에너지를 얻어 지상으로 보내는 기술입니다. 전깃줄 없이 무선으로 전력을 전송하는 기술과 함께 미래 에너지원으로 개발되고 있습니다. 청정에너지 기술입니다.

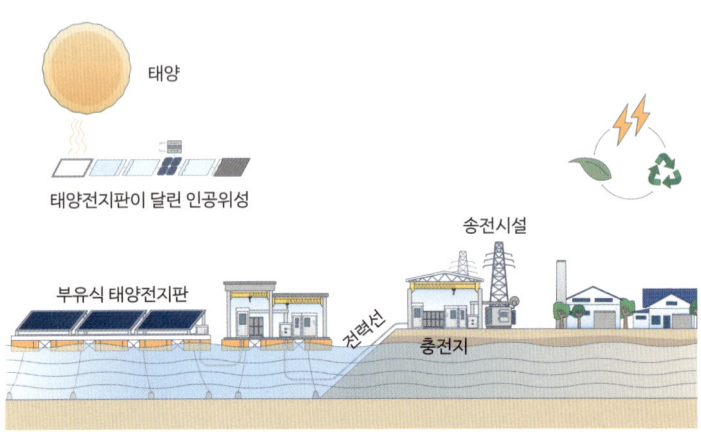

부유식 태양전지판 기술

+ 풍력

바람에 담긴 에너지를 회전운동 에너지로 바꾸어 전기를 생산합니다. 어린아이가 바람개비를 돌리며 뛰어다니는 모습을 본 적이 있지요? 아이들은 바람에 날개가 돌아가는 모습을 보고 좋아합니다. 입으로 '후' 하고 바람을 불어도 빠르게 잘 돌아갑니다. 바람은 지구가 23.5° 기울어진 자전축을 따라 자전하고 육지와 바다가 태양으로부터 에너지를 받으면서 생기는 온도 차이에 의해 공기가 이동하면서 생성됩니다. 낮에는 육지의 온도가 높아 공기가 위로 올라가면서 해풍이 불고, 밤에는 바다 수온이 높아서 육풍이 주로 붑니다.

풍력발전기는 거대한 날개가 바람에 의해 회전하며 구동축을 돌리고 그 회전력으로 발전기가 전기를 생산합니다. 날개는 바람의 힘을 회전운동 에너지로 바꾸고, 변속 장치를 통해 회전력을 조절한 뒤 발전기에서 최종적으로 전기에너지를 생산합니다. 1888년 미국의 찰스 브러시(Charles F. Brush, 1849~1929)는 최초로 바람을 이용해 전기를 만들었습니다.

풍력발전소는 바람이 많이 부는 구릉 지대나 사람이 살지 않는 바다에 지어지고 있습니다. 고층 건물 옥상에도 설치되고 있습니다. 발전기 날개가 돌아가는 모습을 보기만 해도 가슴이 시원해집니다. 해상은 육지처럼 산이나 나무, 빌딩, 언덕 등 풍력에너지를 손실시키는 장애 요소가 없어서 대규모로 설치하여

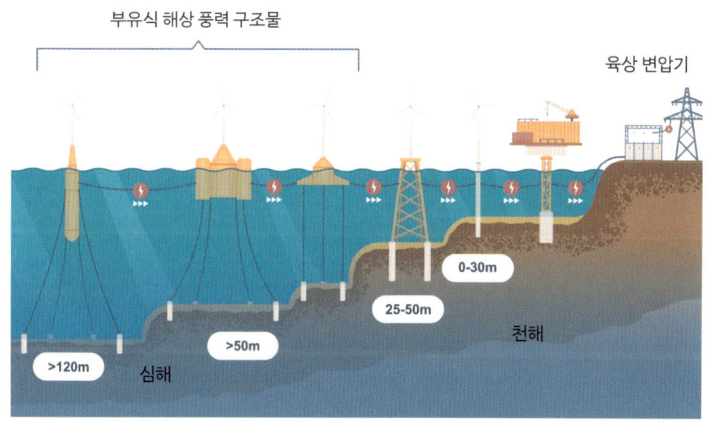

수심에 따라 설치 방식이 달라지는 해상 풍력

운용되는 추세입니다. 한국은 삼면이 바다라 해상풍력에너지를 확보하기에 좋은 환경입니다. 물론 풀어야 할 숙제가 있습니다. 바다에 설치된 풍력발전기는 어민들의 어업 활동을 방해하고, 발전기의 소음과 진동으로 해양 생태계에도 영향을 미칩니다. 이러한 문제점은 앞으로 해결해 나가야 할 과제입니다.

✛ 수력

물의 위치에너지를 이용합니다. 자연이 선사한 지형으로 산이 만들어지고 물의 순환에 따라 비, 눈, 우박이 지표에 내리면 산줄기를 만나 물이 흘러내립니다. 위치가 높은 곳에서 낮은 곳으로 흐르는 자연현상은 지구가 물체를 끌어당기는 중력 때문에 생겨납니다. 강물이 흘러온 원천지를 찾아가다 보면 산이나 지대가 높은 호수가 발원지라는 사실을 알게 됩니다. 서울의 한강은 태백산의 검룡소에서 시작하여 서해로 흘러 들어갑니다. 울산의 태화강은 가지산 쌀바위에서 솟아나는 샘물에서 시작되어 결국 동해로 흘러갑니다. 자연이 만들어 낸 순리는 물의 힘을 활용할 수 있는 신비로운 아이디어를 줍니다. 댐이나 보와 같은 구조물을 이용해 하천에서 흐르는 물을 가두고, 그 물의 흐름을 이용해 전기를 생산합니다.

수력 발전은 지형적으로 높은 위치에 모인 물을 낮은 곳으로 흘려보내면서 회전운동 에너지로 전환하는 수차를 이용합니다. 자연에 의존하는 태양에너지나 풍력과 다르게 오랜 기간 저장한 물로 필요에 따라 전기를 생산하는 발전 방식입니다. 전력 공급이 필요할 때 수력 발전을 이용하여 빠르게 부족분을 보완할 수 있습니다. 재생에너지로서 안정성과 환경 친화적인 수력 발전은 국제에너지기구 2021년 자료에 따르면 전 세계적으로 전력 생산량의 16% 이상을 차지하고 있습니다.

✛ 해양

지구 표면적의 70%를 차지하며 에너지를 공급해 주는 자연 에너지 중 하나입니다. 드넓은 바다에서 발생하는 자연현상을 에너지로 전환합니다. 바닷물은 바람에 의해 파도가 생기고, 지구와 달의 공전으로 인해 밀물과 썰물이 발생합니다. 이때 대량의 바닷물이 이동하면서 운동에너지를 일으킵니다. 바다는 다양한 해양 동식물 공급뿐 아니라 에너지원까지 제공해 주는 천연자원입니다. 어쩌면 바다의 신 포세이돈(Poseidon)이 인간을 위해 선물해 준 건 아닐까요?

우리나라는 1994년에 조석 간만의 차를 이해하고 이를 에너지원으로 활용할 수 있는 기술을 찾았습니다. 이후 2011년 서해 시화호에 국내 최초이자 세계 최대 규모의 조력발전소를 건설했습니다. 해양에너지는 밀물과 썰물의 차이를 이용하는 조력 발전과 물이 이동하면서 발생하는 흐름에서 전기를 생산하는 조류 발전이 있습니다. 바람이 거세거나 폭풍우가 몰아칠 때 바닷가를 가 본 적 있나요? 파도가 전달하는 에너지를 이용하는 파력 발전도 있습니다.

한국처럼 바다로 둘러싸인 나라라고 해서 해양에너지를 손쉽게 얻을 수 있는 것은 아닙니다. 실제로 발전 설비를 세우면 해양 생태계가 파괴될 수 있습니다. 특히 바다의 갯벌은 사람에게 산소를 공급하는 허파와 같이 바닷물을 정화해 주는 기능을 합니다. 발전소로 인해 갯벌이 제 역할을 하지 못하고 해양 생물의 이동까지 막으면 이는 결국 자연에 악영향을 주게

수중 재생에너지를 활용하는 조력발전소

됩니다. 해양에너지는 조수 간만의 차이가 크고 해저 지형이 완만한 지역에 적합하며, 발전 시설로 인한 생태계 변화가 최소화된다면 에너지 시장에서 친환경 에너지로서 역할을 충분히 해낼 수 있습니다. 우리가 매일 세끼를 먹듯 밀물과 썰물은 지구와 달이 있는 태양계가 움직이는 동안 하루에 두 번씩은 꼭 일어나기 때문입니다.

✛ 지열

땅속에서 자연적으로 만들어지는 에너지입니다. 지구의 단면을 잘라서 살펴보면 중심에는 내핵과 외핵이 있습니다. 지구를 구성하는 방사성 동위원소인 우라늄, 토륨, 칼륨 물질이 분열해 열을 발산하기 때문에 중심부 온도는 6,000℃에 가까운 고온 상태입니다. 강철까지 녹여 버릴 수 있는 열에너지입니다. 땅속에는 높은 열에너지가 발산되어 깊이 들어갈수록 온도가 점점 높아집니다. 암석이 녹아 마그마가 형성된 지점처럼 지역적으로 더 높은 온도를 보이는 곳도 있습니다. 지구의 표면인 지각은 두께가 수 킬로미터에서 수십 킬로미터에 이릅니다. 일반적으로 바다 아래 있는 해양지각이 육지의 대륙지각보다 두께가 얇습니다. 땅속의 열에너지를 이용하려면 지하 깊은 곳까지 굴착하여 높은 온도의 지열을 활용해야 합니다.

지열에너지는 직접 열로 이용되거나 간접적으로 전력을 생산하는 발전에 활용됩니다. 지하로 깊이 들어갈수록 지열에너지는 더 높아지며, 그 활용 방식에 따라 천부지열과 심부지열로 나눌 수 있습니다. 물을 땅속에 주입하면, 자연의 열에너지로 데워져 고온의 수증기가 만들어집니다. 이 수증기를 이용하면 24시간, 1년 내내 안정적으로 전력을 생산할 수 있습니다. 마치 요술 주머니 같습니다. 깊이와 온도에 따라 지역난방, 온수 또는 발전에 활용됩니다. 한국은 아직 지열 발전이 상용화되지 않았습니다. 그러나 전 세계적으로 재생에너지의 하나로서 지열에너지는 꾸준히 활용되고 있으며, 특히 냉방과 난방

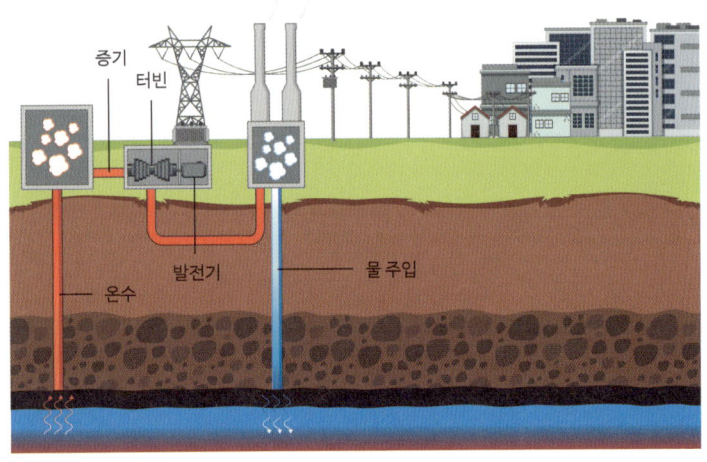

땅속 열에너지를 활용하는 지열발전소

등 생활과 산업에서 점점 더 중요한 역할을 하고 있습니다.

+ 바이오에너지

태양으로부터 에너지를 흡수하여 이를 영양분으로 전환하는 모든 생물 유기체에서 얻는 에너지입니다. 간식으로 즐겨 먹는 옥수수, 달콤한 사탕수수, 맛있는 감자, 곡물 등 식물을 열분해하거나 발효시켜서 발생하는 액체 또는 기체 연료를 말합니다. '바이오매스(Biomass)'라고 불리는 식물 기반 에너지 자원은 생물에서 유래한 유기물로, 생물 유기체라고도 합니다.

식물체는 발효 과정에서 메탄올, 에탄올, 가스와 같은 바이오에너지를 생성합니다. 사람이 먹을 수 있는 식물이지만 에너지를 만드는 데 사용할 수 있습니다. 바이오 연료는 석유와 혼합하여 사용하면 대기오염 물질 배출량이 감소하여 좀 더 친환경적인 에너지원으로 변신합니다. 하늘을 나는 항공기는 앞으로 바이오 연료와 혼합한 지속가능항공유를 연료로 사용합니다. 깨끗한 연료를 주유한 비행기는 탄소 배출량이 줄어들어 하늘에 검은색 매연을 뿌리지 않을 겁니다.

식물은 땅속 암석에서 자연적으로 만들어지는 석유와 달리 땅에서 경작을 통해 에너지 자원으로 재배됩니다. 태양에너지를 식물이 저장한 후 이를 다시 바이오에너지로 전환하는 원리입니다. 식물이 발효 과정에서 생산하는 식물성 기름은 석유를 대체할 수 있는 연료입니다. 땅에서 자라는 식물뿐만 아니라 바다나 강에서 자라는 식물인 조류도 원료로 사용됩니다.

식물은 광합성 작용을 통해 이산화탄소, 물, 태양을 에너지원으로 사용합니다. 광합성 작용은 온실가스인 이산화탄소를 식물에 저장하는 기능을 합니다. 곡물에서 얻은 기름은 가정에서 요리할 때 식용으로 사용할 수도 있고, 운송 수단 연료로도 활용할 수 있어 매우 다재다능합니다. 바이오에너지는 음식물 쓰레기, 생활폐기물, 가축 분뇨 등에서 발생하는 메테인 가스도 포함합니다. 에너지원이 다양하여 기체, 액체, 고체 연료를 만들 수 있습니다. 바이오매스를 연료전지에 넣으면 이를 통해 직접 전기에너지를 생성할 수도 있습니다.

+ 폐기물에너지

사람의 생활이나 활동에 더 이상 필요하지 않게 된 폐기물에서 에너지를 추출합니다. 생활 쓰레기, 산업 폐기물이나 폐유 등 재생 가능한 자원에서 에너지를 다시 회수하여 사용합니다. 한 번 쓴 자원을 다시 한 번 더 사용할 수 있는 기술이니 우리에게 꼭 필요한 재생에너지입니다.

폐기물은 인간의 활동이 늘어나면서 매년 증가하고 있습

니다. 아기 때는 기저귀와 분유통, 젖병 외에 사용하는 물건이 많지 않지만, 초등학생은 커 가면서 필요한 물건이 점점 많아집니다. 편의점에서 음료수와 컵라면을 먹어도 쓰레기가 생기고 새로운 장난감을 구매해도 폐기물이 나옵니다. 매년 증가하는 플라스틱과 쓰레기는 전 세계의 큰 걱정거리입니다. 재생에너지로 활용하기 위한 기술은 쌓여 가는 폐기물을 줄이기 위해 개발되고 있습니다.

다양한 성분으로 이루어진 폐기물은 종류에 따라 적합한 에너지 생산 기술을 적용합니다. 매립, 분해 작용, 연소 등 처리 방법을 통해 전기, 열, 가스, 액화 연료를 생산합니다. 연료는 소비자가 바로 사용할 수 있는 형태로 만든 에너지입니다. 물론 모든 폐기물이 재생 가능한 것은 아니어서 모두 다 에너지원으로 활용할 수 있는 것은 아닙니다. 다시 재사용할 수 있는 자원은 재활용되므로 폐기물에너지 자원에 속하지 않습니다.

폐기된 물질이 소각 등 처리 과정에서 이산화탄소나 대기 오염 물질을 발생시키는 경우에는 재생에너지원으로 포함하지 않습니다. 인간의 활동이 계속되는 한 폐기물은 끊임없이 생겨납니다. 다 쓰고 버려진 물질에서 에너지를 얻는 폐기물에너지는, 지속 가능한 미래를 위해 지구에 꼭 필요한 기술입니다.

별의 탄생

밤하늘 너머의 우주에는 무한한 에너지가 존재합니다. 우주는 공기도 아무것도 없는 텅 빈 공간, 진공상태처럼 보이지만, 사실은 아주 작고 가벼운 먼지나 기체가 듬성듬성 떠다닙니다. 이를 '성간물질'이라고 합니다. 한마디로 별과 별 사이의 비어 있는 공간에 존재하는 물질이지요.

우리 눈으로 확인할 수는 없지만 천문학자 로버트 트램플러(Robert Trampler, 1886~1956)는 별을 가리는 작은 물질이 있다는 사실을 발견했습니다. 별과 별 사이를 채운 성간물질은 작은 티끌, 수소와 헬륨 같은 다양한 원소의 기체로 이루어져 있습니다. 성간물질이 바로 우주에 존재하는 에너지의 기원입니다. 우주는 수없이 많은 별, 성운, 성단과 은하로 가득 차 있으며, 별은 우주에서 태어나 수백만에서 수천억 년 동안 빛을 내며 살아가다가, 마지막에는 폭발하거나 사라지며 죽음을 맞이합니다. 한편에서는 우주에 존재하는 에너지가 또 다른 별을 탄생시킵니다.

우주를 채우고 있는 성간물질은 밀도가 높고 온도가 낮은 공

밤하늘을 가득 채운 수많은 별과 은하수 © NASA

간에서 수축하면서 중력이 발생합니다. 구름처럼 모여 있는 성운에서 성간물질이 수축하고 압력이 증가하면 중심 지역에 원시별이 탄생합니다. 우주가 생명을 품는 경이로운 순간이지요. 원시별은 내부 온도가 높아지면서 핵융합반응으로 에너지를 생성합니다. 빛에너지는 우주의 머나먼 거리를 여행하며 지구의 밤하늘을 비춥니다. 안타깝게도 별은 약 100억 년이라는 긴 수명을 가지기 때문에 인간이 별의 탄생을 지켜볼 수는 없습니다.

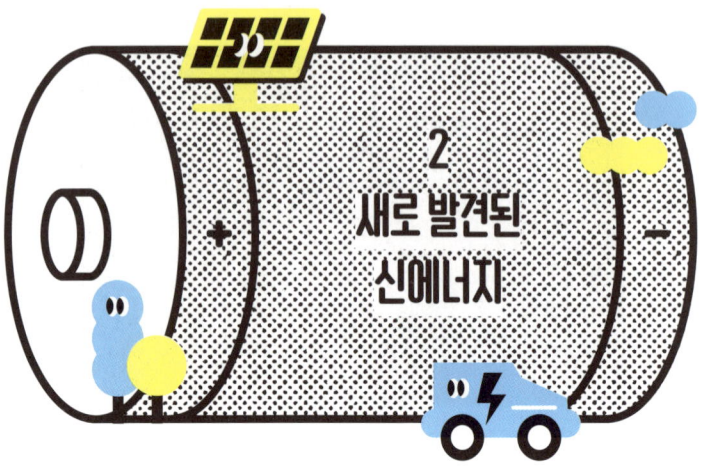

2
새로 발견된
신에너지

세상이 돌아가려면 에너지가 꼭 필요해요. 우리 생활에서 에너지가 사라진다면? 돌아가던 기계도, 움직이던 자동차도, 전깃불도 모두 멈춰 버릴 거예요. 세상은 순식간에 멈추고, 큰 혼란이 찾아올 것입니다. 그렇기 때문에 우리는 에너지가 꼭 필요하지만, 환경을 오염시키지 않는 방식으로 사용하는 것이 중요합니다. 심각한 지구 환경오염은 에너지를 영원히 사용할 수 없는 상태로 만들 수도 있기 때문입니다.

대기오염을 줄이기 위해 과학자들은 화석연료를 사용하지 않는 깨끗한 에너지원 개발에 나섰습니다. 신에너지는 현재까지 과학기술의 발달로 찾아낸 새로운 에너지원입니다. 과학자들은 새로운 물질을 탐구하고 이를 통해 에너지를 생산할 수 있는 방법을 발견하여, 화석연료를 대체하고 있습니다. 과학자들은 신에너지를 더 많이 발견하여 현재를 넘어 미래 세대들이 편하고 효율적으로 에너지를 사용할 수 있도록 보급을 확대하고 있습니다. 우리 주변에는 아직 잘 알지 못하는 새로운 에너지원들이 있어요. 과연 신에너지는 어떤 에너지원을 사용하는 걸까요? 지금부터 함께 살펴보아요.

✛ 수소에너지

가장 가벼운 기체인 수소를 에너지원으로 사용합니다. 수소는 산소와 수소로 이루어진 물(H_2O)을 분해하여 얻을 수 있고, 땅속에서 자연적으로 생성되어 모여 있기도 합니다. 땅속 암석에서 생산한 천연가스나 석탄을 연소하는 과정에서 발생하기도 하며, 발전소에서 나오는 물의 기체 형태인 증기를 분해하여 생산할 수도 있습니다. 여러 방법으로 수소를 얻을 수 있다 보니 자원은 무한정으로 많습니다. 지구 표면의 70%가 물로 이루어져 있다는 사실을 보면 우리가 활용할 수 있는 에너지가 결코 한정적이지 않다는 것을 알 수 있습니다.

수소를 생산하는 기술은 발전하고 있으나 아직은 저렴하

게 대량 생산할 수 있는 시설을 마련하는 단계입니다. 도로 위 자동차가 연료를 채우는 주유소처럼 수소를 공급할 수 있는 기본 시설도 점점 더 늘어나고 있습니다.

수소는 차세대 에너지원으로 전 세계가 희망을 걸고 있는 신에너지원입니다. '수소경제'라는 용어가 생겨났는데, 수소의 생산, 수송, 운반, 저장, 공급을 중심으로 경제 구조가 형성되는 시장을 의미합니다. 마치 모든 가정에 도시가스를 공급하듯, 수소가 주요 에너지원으로 자리 잡으면 에너지 시장에서 수소의 비중은 더욱 커질 것입니다. 이를 위해 생산하는 사람, 수송하는 사람, 운반하는 사람, 저장하는 사람, 공급하는 사람의 일자리가 만들어집니다.

수소는 연소할 때 많은 열에너지를 방출하기 때문에 발전소 연료로 활용하기 위해 개발되고 있습니다. 산소와 결합하면

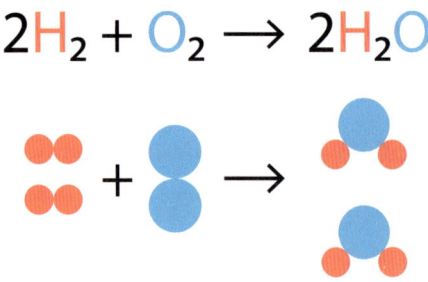

$$2H_2 + O_2 \rightarrow 2H_2O$$

수소와 산소의 반응으로 물이 되는 화학식

전기에너지를 생성하며, 온실가스를 전혀 배출하지 않습니다. 수소를 연료로 사용하는 자동차는 수소와 반응할 산소를 흡수하면서 대기 중 오염물질도 함께 제거하기 때문에 도로 위 공기청정기란 별명도 가지고 있습니다. 수소차는 연료인 수소와 산소가 반응해 물만 배출하는, 신기하고 깨끗한 미래형 에너지 차량입니다.

+ 연료전지

수소를 원료로 사용하는 배터리에서 전기에너지를 생성하는 장치입니다. 일종의 건전지입니다. 일상생활에서 사용하는 건전지는 어떤 원료를 사용하느냐에 따라 망간·알카라인, 수은, 리튬, 니켈, 납축전지가 있습니다. 전기자동차는 주로 리튬이온전지를 사용합니다. 배터리에 쓰이는 금속은 지구상에 많은 양이 존재하지 않기 때문에 희귀금속에 속합니다. 장난감에 들어 있는 건전지 표기를 살펴보면 어떤 원료가 쓰였는지 알 수 있습니다.

신에너지는 새로운 기술 발전으로 수소를 사용하는 수소 연료전지를 가리킵니다. 수소를 에너지원으로 사용하므로 수소에너지에서 생겨난 기술입니다. 건전지는 에너지를 저장하여 소비자에게 제공하는 저장 매체입니다. 예전에는 건전지를

연료전지 자동차와 수소 탱크

만들 때 금속 광물을 썼지만, 이제는 수소를 이용해 에너지를 만드는 새로운 기술이 나오고 있어요.

　어렸을 때 갖고 놀던 장난감들에 건전지를 얼마나 자주 갈아 넣었나요? 장난감이 소리를 내고 움직일 수 있었던 건 모두 '배터리' 덕분입니다. 배터리는 장난감에 힘을 주는 작고 똑똑한 에너지 통이에요. 배터리 같은 연료전지 속 수소는 산소와 결합하여 전기를 만들고 물로 변환됩니다.

　반대로 전지에 전기를 공급하면 '수전해(水電解)'라는 반응을 합니다. 물이 수소와 산소로 분해되는 반응입니다. 수전해 반응을 일으키는 핵심은 전자의 이동입니다. 전기가 흐른다는 말은 사실 전자가 이동하여 전류를 형성하는 현상입니다. 수소와 산소가 만나서 반응하면 물과 함께 전자가 나오면서 전기를 만듭니다. 이는 연료전지의 중요한 원리입니다. 환경오염을 일으키지 않는 수소를 이용해 에너지를 저장하고 생성합니다. 연료전지는 에너지 시스템에서 에너지 저장이라는 중요한 역할을 담당하고 있습니다.

✛ 석탄 액화 또는 가스화한 에너지

석탄과 원유를 정제하고 남은 최종 잔재물인 중질잔사유나 폐기물 등을 이용합니다. 과자를 먹고 봉지에 남은 부스러기는 처음 먹었던 과자와 맛은 같지만 모양은 다릅니다. 상품성이 좋은 성분이 빠진 석탄과 중질잔사유도 자체로 탄소 함량이 높아, 연소할 때 대기오염 물질을 많이 배출하는 연료입니다.

신에너지 분야에서는 석탄과 같은 연료를 산소와 수증기로 가스화 또는 액화 연료로 생산합니다. 우리가 알고 있던 환경오염 물질을 사전에 제거하는 정제 시설을 거쳐서 연료를 생산하기 때문에 석탄을 그대로 연소시킬 때보다 깨끗한 신에너지로 재탄생합니다. 연소할 때 이산화탄소와 공해물질을 많이 배출하는 석탄을 정제해 마치 욕조에서 깨끗이 씻긴 듯 공해물질을 줄인 깨끗한 석탄으로 전환했습니다.

물론 석탄 액화 또는 가스화하여 만든 에너지도 여전히 온실가스 배출 문제를 해결해야 비로소 완전한 청정 신에너지 자격을 얻을 수 있습니다. 아직은 석탄을 액화하고 가스화하는 과정에서 발생하는 폐기물과 생활에 필요한 에너지로 전환하면서 제거해야 하는 분진 등 잔여물이 남아 있습니다. 몸에 좋은 수박을 맛있게 먹었지만 씨와 껍질 같은 쓰레기가 제법 나오는 상황과 같습니다. 이런 이유로 우리나라와 몇몇 국가를 제외한 다른 나라에서는 석탄 액화 또는 가스화한 에너지를 신에너지에 포함시키지 않습니다.

과학과 에너지

빛의 발견

우리는 오랫동안 물질이 가진 놀라운 성질을 알아내기 위해 꾸준히 연구해 왔습니다. 밤하늘의 반짝이는 별을 보며 연구하던 천문학자들은 '빛'이 무엇인지 궁금해졌습니다. 그래서 빛에 대해 더 잘 알기 위해 '빛은 작고 작은 알갱이일까?'(입자설) 아니면 '물처럼 출렁이는 파동일까?'(파동설) 하고 오랫동안 연구하며 서로 다른 생각으로 이야기했습니다.

1695년 아이작 뉴턴(Isaac Newton, 1642~1727)은 빛이 아주 작은 입자인 광자로 이루어져 있다고 주장했습니다. 빛의 입자설입니다. 반면 크리스티안 하위헌스(Christiaan Huygens, 1629~1695)가 제기한 파동설은 빛이 바다의 파도처럼 연속적인 파동을 이루며 전달된다는 이론입니다. 하위헌스에 이어 아인슈타인은 금속판에서 전자가 튀어나오는 광전효과를 설명하며 노벨상을 받았습니다. 빛의 입자가 금속판에 충돌하며 전자를 내보내 전류가 생긴다는 사실을 입증했습니다.

오늘날 과학이 이렇게 발전할 수 있었던 건 위대한 학자들이 끊임없이 궁금한 것을 탐구해 온 결과입니다. 어려운 문제도 포기하지 않고 풀어내며 '빛'이라는 신비한 주제를 깊이 연구했습니다. 덕분에 우리는 지금 빛에 대해 더 많이 알게 되었습니다.

빛의 성질은 1923년 아서 콤프턴(Arthur Compton, 1892~1962)에 의해 입자성과 파동성을 모두 가지고 있다는 사실이 입증되었습니다. 콤프턴이 역사 속 뉴턴, 아인슈타인과 하위헌스를 한자리에 모아 화해시켜 준 셈입니다. 오랜 탐구로 밝혀낸 밤하늘의 비밀은 아주 작은 빛의 입자들이 파동성과 입자성을 동시에 지니며 모여 있다는 것입니다. 오늘은 고

신비로운 빛

개를 들고 밤하늘을 유심히 관찰해 보세요. 작은 점들로 이루어진 별빛이 흔들리는 게 보일 겁니다.

미래를
준비하는
에너지

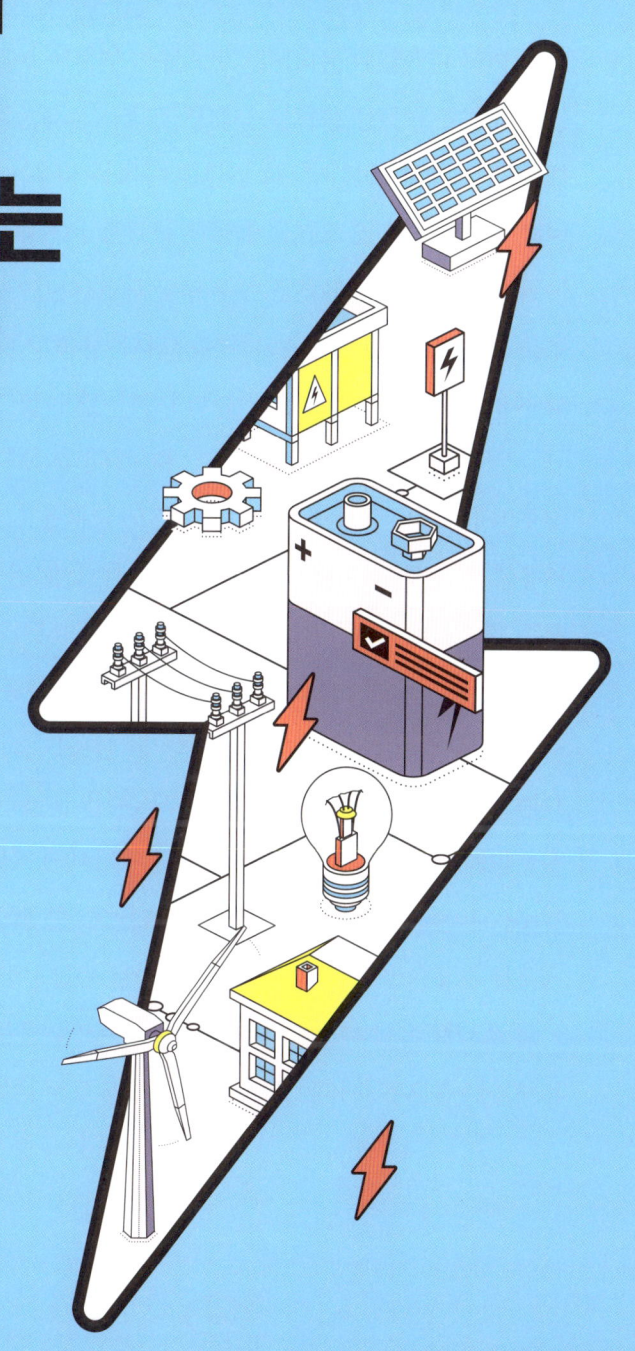

여러분이 어른이 되었을 때는 어떤 에너지를 쓰고 있을까요? 운전면허를 따고 차를 몰 때도 여전히 주유소에서 휘발유를 넣고 있을까요? 아니면 더 신기하고 깨끗한 에너지를 쓰고 있을까요? 기계가 우리를 대신해 자동으로 주유해 줄까요?

　미래에 우리가 살아갈 세상을 상상해 보는 일은 마치 꿈을 꾸는 것과 같습니다. 어떤 집에 살고 어떤 차를 타고 어떤 에너지를 사용하고 있을까요? 행복한 일로 가득할 것 같으면서도 한편으론 불안하기도 하고, 그래서 더 궁금해집니다. 30년 후에도 캠핑장에는 장작에 모닥불을 피우고 휴대용 가스레인지로 신라면을 끓여 먹고 있을까요? 에너지는 오랜 시간이 지나면서 사람이 사용하기 편하고 친환경적으로 진화하고 있습니다. 생명체가 환경에 맞춰 변화를 통해 살아남듯이, 우리가 사용하는 에너지 또한 소비자들의 선택과 지구 환경을 해치지 않

지속 가능한 지구를 위한 에너지와 기술

는 자원만 앞으로 살아남아 사용될 것입니다.

산업화 이후 세계는 빠른 속도로 발전했습니다. 이제 사람이 조립하던 제품은 기계가 대신 만들어, 쉬지도 않고 사람보다 빠르게 완성품을 뚝딱 만들어 줍니다. 인공지능(AI)은 오랜 시간 인간이 탐구하여 기록한 지식과 발견을 기억하고 이를 융합하여 새로운 정보를 만들어 냅니다. 초등학교 6년, 중학교 3년, 고등학교 3년과 대학교 4년에 걸쳐 배우는 과학을 몇 초 만에 학습하고 활용합니다. 물론 여러분보다 창의적이지는 못합니다. 시간이 흐르면서 우리가 몰랐던 비밀이 하나씩 밝혀지고 결국 진실에 다가가고 있습니다.

에너지를 사용하며 생활하는 인간은 신속하게 새로운 세

상을 만들고 있습니다. 더 깨끗하고 더 효율적이며 더 강한 에너지를 찾고 있습니다. 검은 연기가 풀풀 나던 시골집 굴뚝 연기는 이미 사라지고 없습니다. 현재와 밝은 미래를 위해 모두 하나 되어 과학기술 발전으로 에너지 안보를 이루려 노력하고 있습니다.

과학자들은 ① 청정 수소, ② 전기에너지, ③ 에너지 저장 시스템, ④ 탄소 포집·활용·저장, ⑤ 스마트 에너지 관리 기술에 집중하고 있습니다. 이는 푸른 지구를 지키기 위해 화석연료 의존에서 벗어나 미래 에너지 전환의 주역이 될 기술들입니다. 완벽한 에너지 시스템을 만드는 하나의 블록입니다.

에너지 시스템은 안전해야 합니다. 동네에 하나 남은 붕어빵 가게처럼 손님이 길게 줄지어 기다려야 팥과 슈크림 붕어를 한 개씩 살 수 있다면 수요와 공급이 맞지 않는 상황입니다. 소비자가 편리하게 살 수 있도록 정부와 생산자는 함께 환경을 만들어야 해요. 이렇게 소비자와 생산자가 만나는 공간을 '시장'이라고 합니다. 에너지도 마찬가지로, 시장에서 사고팔 수 있는 중요한 거래 대상입니다. 소비자가 휘발유를 넣는 자동차를 살지, 전기를 충전하는 차를 구입할지에 따라 필요한 에너지를 시장에서 구매합니다. 무인 아이스크림 가게처럼 여러 종류가 준비되어 있어서 언제든 손쉽게 살 수 있도록 시장에도 다양한 에너지원이 충분히 갖춰져 있어야 합니다. 이것이 에너지 시장의 다양성입니다.

다양성이 사라지면 겉보기에는 시장이 통일되고 효율적으로 보일 수 있지만, 실제로는 하나의 선택지만 남아 위험해질 수 있습니다. 놀이공원에 자이언트 놀이기구 하나밖에 없다면 어떨까요? 정기적인 안전 점검이라도 받아야 하는 기간에는 놀이공원이 문을 닫아야 합니다.

에너지 시스템에는 '에너지 트릴레마'라는 중요한 과제가 있습니다. 이는 에너지 안보(안정적으로 공급되느냐), 에너지 형평성(비용이 적절하느냐), 환경 지속성(지구에 해롭지 않게 사용하느냐) 등 세 가지를 동시에 만족시키기가 어렵다는 뜻입니다. 하나에만 집중하다 보면 다른 하나를 놓칠 수 있어 균형 잡힌 선택이 필요합니다. 내가 가진 돈은 한정되어 있는데, 먹고 싶은 음식 중 하나만 선택해야 하는 상황과 비슷합니다.

＋ 에너지 안보

스마트폰이나 전기차 배터리가 20% 이하로 떨어지면 괜히 불안해지지 않나요? 배터리 잔량이 줄어들수록 충전기를 찾기 전까지 마음이 초조해질 때가 있어요. 당장 쓸 수 있는 전기가 없어서 스마트폰이 꺼진다면, 이는 친구와 연락, 정보 검색, 길 찾기 등 많은 것들이 끊긴다는 뜻이니까요. 마치 세상과 단절된 느낌이 들겠죠. 전기에너지가 우리 삶에서 얼마나 중요한지 실감하게 되는 순간입니다.

우리 생활은 많은 부분이 전기에너지를 사용하는 전자제품을 통해 이루어지고 있습니다. 에너지 안보는 언제든 소비자가 필요할 때 사용할 수 있도록 갖춰진 시스템을 말합니다. 와이파이가 없어도 지구를 도는 인공위성을 통해 언제든 인터넷에 접속할 수 있는 환경을 만들어 주듯 에너지도 안정적으로 꾸준히 공급되어야 합니다.

+ 에너지 형평성

아프리카에는 극심한 가뭄과 기근으로 굶주려 죽어 가는 친구들이 많습니다. 마실 물도 충분하지 않아 정제되지 않은 물을 섭취하는 곳도 있습니다. 상수도 시설을 갖추지 못한 도시 외곽은 물을 길어오지 않으면 생활에 쓸 물이 없습니다. 개발도상국은 국민이 살고 있는 전역에 사회기반시설을 건설해 줄 국가 예산이 충분하지 않습니다.

우리는 어떨까요? 물이 나오지 않는 곳에 사는 친구가 얼마나 있을까요? 필수 자원은 모두가 사용할 수 있도록 낮은 가격에 공급되어야 합니다. 에너지도 필수 자원 중 하나입니다. 에너지 소비자는 선진국 국민만이 아닙니다. 부유한 가정만 에너지가 필요한 게 아닙니다. 영토 내 자원이 부족한 국가뿐만 아니라 개발도상국을 포함한 세계인이 에너지를 필요로 하므로 모두가 이용할 수 있는 에너지 시장이 형성되어야 합니다.

+ 환경 지속성

먹을수록 건강이 나빠진다면 그 음식은 불량식품입니다. 먹어서는 안 됩니다. 몸에 좋고 맛있는 음식이라면 자꾸 생각나서 먹고 싶어집니다. 미쉐린 3스타 제육덮밥은 365일 하루 세 번씩 계속 먹는 게 가능합니다. '지속 가능하다'는 말이 있습니다. 무언가 지속적으로 행동해도 나빠지지 않고 환경, 경제, 사회에 좋은 활동이나 행위를 가리킵니다. 에너지를 사용한다고 환경이 파괴되고 검은 연기가 하늘을 뒤덮을 정도로 많은 오염물질을 배출한다면 사용을 금지해야 합니다. 자연과 함께 살아가는 환경 지속성은 미래에 우리가 사용할 에너지가 가져야 할 성질입니다. 우리 모두의 미래를 훼손하지 않으면서 현 세대를 발전시키는 에너지를 찾아야 합니다.

미래 에너지는 위 세 가지 과제를 모두 충족시켜야 합니다. 과학은 어느 하나에 치우치지 않고 세 가지 중요한 쟁점을 균형 있게 발전시켜 나가야 합니다. 고전소설과 현대문학을 읽으며 교양을 쌓고 비문학 과학책도 정독하며 미래를 바꿀 주인공으로서 지식을 쌓는 것과 같습니다. 우리 함께 에너지 트릴레마를 해결하는 가교 역할을 할 과학기술에 대해 알아보겠습니다.

별에 붙은 이름, 별자리

우리는 태어나면서 이름을 갖게 됩니다. 부모님은 자녀의 출생을 신고하며 아이에게 이름을 지어 줍니다. 부모의 자녀 또는 태명이라는 이름표를 떼고 내 이름이 생기면서 불리기 시작하는 순간입니다. 이름에는 의미가 있고 부모의 사랑이 담겨 있습니다. 밤하늘에 빛나는 별도 새로운 발견을 한 천문학자에 의해 이름이 지어지게 됩니다.

인류가 아직 정착하지 않고, 물과 식물이 자라는 곳을 찾아 떠돌아다니며 살던, 이른바 유목 생활을 하던 때 사람들은 밤하늘에 빛나는 별을 보며 방향을 알아냈습니다. 나침반도 지도도 없던 시기, 별은 유목민들에게 길을 알려 주는 중요한

밤하늘의 별자리

이정표였던 셈입니다. 북극성을 보며 북쪽임을 알았습니다. 하늘에 떠 있는 밝은 별들을 이어서 별자리를 만들기도 했습니다. 오리온자리, 헤라클레스자리, 안드로메다자리 등 그리스 신화에서 시작한 이름과 별자리를 연결하다 보면 밤하늘로 보내진 신들이 살아 움직이는 모습이 보입니다. 계절마다 관측할 수 있는 별자리가 달라집니다. 지구가 공전하기 때문이지요.

오늘날 에너지는 스마트폰 속 내비게이션을 움직이게 하는 동력이며, 밤하늘의 북극성이 유목민에게 더 나은 생활환경으로 이동할 때 길을 안내해 준 것처럼 우리 삶의 방향을 잡아 줍니다. 신재생에너지는 계절별 별자리처럼 다양한 공급원으로 365일 에너지가 멈추지 않도록 안전한 에너지 시스템을 만들어 줍니다. 청백색으로 비추는 가장 밝은 별 시리우스는 추운 겨울밤을 책임지고 북동쪽 하늘에 떠 있는 베가는 여름밤을 비추며 별빛 안내자 역할을 하듯이 신재생에너지는 에너지 안보를 지켜 줍니다. 모두가 앞으로 나아갈 길을 안내해 주는 수호신입니다.

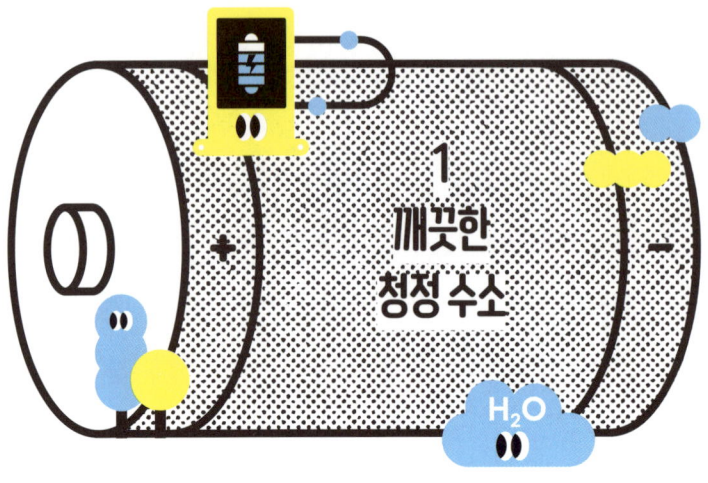

1

깨끗한
청정 수소

수소는 친환경 에너지입니다. 에너지를 저장·운송·활용할 수 있는 수소는 에너지 운반체로서 전 세계의 주목을 받고 있습니다. 에너지를 저장할 수 있는 능력은 수소의 강점입니다. 물을 담아 두는 컵과 같은 역할입니다. 컵이 있어야 마실 물을 담고, 운반할 수 있습니다. 수소는 무독성의 가벼운 기체라 대기 중으로 유출되어도 공기 중에 빠르게 희석되어 안전합니다.

엄청난 파괴력을 지닌 수소폭탄에 사용되는 수소는 우리가 에너지로 사용하는 자연 상태의 수소와는 다릅니다. 수소폭탄에는 '이중수소(중수소)'와 '삼중수소(트리튬)'처럼 인공적으로

수소를 저장하는 충전소

만들어 낸 특별한 형태의 수소가 사용됩니다. 우리가 사용하는 자연 수소에너지는 폭발하지 않으니 수소차를 보고 놀라지 않아도 됩니다.

물병과 같이 특정한 용기 안에 수소를 저장해 놓으면 언제든 필요한 전기, 열, 운동에너지로 쉽게 전환할 수 있습니다. 수소는 공기 중에 초극미량 존재하지만 반응성이 높아 화합물 형태로 변합니다. 순수한 수소 기체로 남아 있지 않습니다. 물을 이루는 원소이며 물을 화학 분해하면 산소와 수소로 분해됩니다. 수전해 분해는 물에서 수소를 만드는 핵심 기술 중 하나입니다. 전기를 이용해 분해할 수 있습니다. 물을 분해하는 수전해 전기 장치는 풍력발전기, 태양광 설비와 연결할 수 있어 날씨, 계절, 낮과 밤 등 환경에 따라 에너지 생산 변동성이 높은 재생에너지의 약점을 보완해 줍니다. 수소와 함께라면 다이아몬드 갑옷을 장착한 게임 캐릭터처럼 막강한 능력을 가질 수 있습니다.

예를 들어 풍력 발전의 변동성을 어떻게 보완해 주는지 살펴볼게요. 에너지 수요가 적은 저녁 시간에도 바람은 멈추지 않고 붑니다. 풍력에너지의 장점이기도 합니다. 전기 수요가 적은 저녁 시간대에 풍력으로 얻은 초과 에너지는 수소로 전환해 저장해 둘 수 있습니다. 에너지가 많이 필요한 낮에는 저장해 둔 수소에너지를 사용합니다. 재생에너지 발전 시설과 연계하면 에너지 수요에 맞춰 안정적으로 공급할 수 있습니다. 재생에너지의 들쭉날쭉한 생산량을 안정적 공급으로 바꿔 주는 고마운 수소입니다.

수소를 만드는 방법은 크게 세 가지로 나뉩니다. 생성 방법에 따라 그레이(Grey)수소, 블루(Blue)수소, 그린(Green)수소로 분류합니다.

＋ 그레이수소

화석연료를 사용하는 과정에서 만들어지는 수소를 가리킵니다. 수소 생산을 위해서는 석탄, 석유처럼 화석연료가 필요하며 이산화탄소가 함께 나오기 때문에 깨끗한 에너지원은 아닙니다. 그래서 그레이수소라고 합니다.

+ 블루수소

수소를 생성하는 공정에서 대기 중으로 이산화탄소를 배출하지 않는 수소입니다. 그레이수소처럼 화석연료에서 수소를 분리하지만 그 과정에서 발생하는 이산화탄소를 모두 포집해 땅속에 안전하게 저장하는 방식입니다. 이처럼 이산화탄소가 대기 중으로 빠져나가지 못하게 막는 수소 생산 방법을 블루수소라고 부릅니다. 대기오염 물질을 줄여 친환경 수소로 주목받고 있습니다.

+ 그린수소

청정한 재생에너지를 이용해 물을 전기분해하여 생산한 수소를 그린수소라고 합니다. 이 과정에서 화석연료를 사용하지 않고, 태양광이나 풍력, 해양에너지 같은 친환경 에너지를 활용하기 때문에 온실가스를 배출하지 않는 것이 특징입니다. 환경오염을 일으키는 문제가 없어 미래 에너지원으로 주목받는 신에너지원입니다.

청정 수소는 블루수소와 그린수소처럼 수소에너지를 만드는 과정에서 탄소를 대기 중으로 배출하지 않는 방법을 사용한 수소입니다. 수소에너지는 공해물질을 생성하지 않지만, 수소

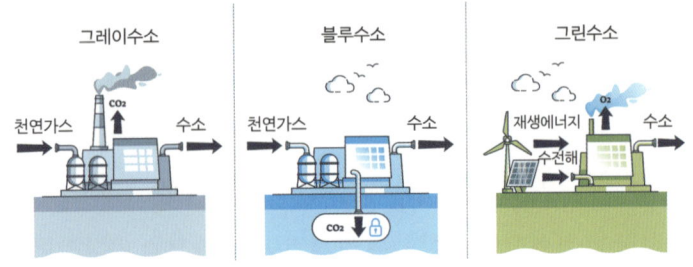

그레이수소　　　　　블루수소　　　　　그린수소

천연가스　CO₂　수소　　천연가스　수소　　재생에너지　O₂　수소

CO₂　🔒　　수전해

수소에너지를 생성하는 기술

를 만들기 위해 탄소가 배출된다면 청정에너지가 될 수 없습니다. 커피 원두를 재배하는 과정에서 아프리카의 어린아이가 강제로 노동에 동원됐다면, 그 사실을 아는 어느 어른도 기꺼이 그 커피를 사서 마시지는 않을 것입니다. '그린워싱(Greenwashing)'이라는 용어가 있습니다. 마치 친환경 상품처럼 거짓 광고하는 행위를 말합니다. 청정에너지를 구별하기 위해서는 에너지원 생성 과정부터 제대로 알아야 진정한 친환경 에너지를 사용할 수 있습니다. 길거리에서 모르는 사람이 주는 음식을 절대 먹어선 안 되는 것처럼 에너지 기원을 정확히 알지 못하고 사용하면 자연을 보호하지 못합니다. 우리가 에너지와 친해져야 하는 이유입니다.

　　수소 연료전지는 비상용 에너지 발전 장치 연료로 사용할 수 있습니다. 활용도가 다양한 에너지 자원인 수소는 기체 상태이며, 액체로 만들기 위해 영하 253℃까지 낮춰야 합니다. 기체를 부피가 작은 액체로 만들면 저장 용기를 작게 제작할 수 있기 때문입니다. 커다란 풍선에 담긴 기체보다 작은 스프레이 용기에 액체를 담아 부피를 줄이는 것과 같습니다. 물론 극저온 상태로 유지하는 기술은 무척이나 어렵습니다. 소비자가 극저온 조건을 유지하며 수소를 사용하려면 막대한 비용이 듭니다. 한여름에 아이스크림을 녹지 않게 집까지 가져가는 방법보다 필요한 기술이 훨씬 더 많습니다. 과학자들은 수소를 효율적이고 저렴하게 공급하는 방법을 찾기 위해 오랫동안 연구해 오고 있습니다. 석유 대신 수소를 연료로 쓰려는 움직임이 점점 빨라지고 있습니다. 우리가 타는 자동차나 비행기뿐 아니라, 군대에서 쓰는 탱크, 장갑차, 로켓까지 수소로 달릴 수 있게 만드는 중이에요.

탄소중립 연료(E-fuel: Electricity-based Fuel)는 청정 수소를 이산화탄소와 합성하여 만든 일종의 인공 석유입니다. 공장에서 배출되거나 대기 중에 존재하는 이산화탄소를 포집해 청정 수소와 화학적으로 결합시켜 만듭니다. 이때 쓰인 이산화탄소는 공기 중에서 모은 것이기 때문에 연료를 써도 새로운 오염물질이 추가로 생기지 않습니다. 그래서 탄소중립 연료로 불립니다. 즉, 이렇게 만들어진 연료를 사용하더라도 탄소가 더 늘어나지 않는다는 의미입니다. 탄소중립은 사람이 활동하면서 내뿜는 이산화탄소만큼, 다시 숲이나 기계로 흡수하거나 없애서 결국 공기 중에 남는 이산화탄소 양이 '0'이 되는 것을 말합니다. 인간의 활동으로 지구 대기에 탄소를 배출하지 않으니 지구를 깨끗이 사용할 수 있지요. 점심 급식을 받을 때 욕심내지 않고 받아서 모두 먹으면, 음식물 쓰레기가 '0'이 되는 것처럼요.

탄소중립 연료는 액체 상태로 만들 수 있어서 기존에 사용하는 시스템을 크게 바꾸지 않고도 바로 적용할 수 있습니다. 비건 음식을 먹어 본 적이 있나요? 요즘 채식 단백질은 고기가 가진 식감과 맛을 거의 똑같이 재현해요. 탄소중립 연료는 비건 음식처럼 친환경 연료로서 석유를 대체할 또 하나의 미래 에너지원입니다.

과학과 에너지

에너지 노마드

노마드(Nomad)는 유목민을 뜻합니다. 가축을 기르면서 먹이가 자라는 풀밭을 찾아 이동하며 생활하는 집단입니다. 목축업을 기반으로 생활하던 사람들은 비옥한 땅을 찾아서 세계 곳곳을 유랑합니다. 디지털 노마드는 디지털 세상을 떠돌

에너지, 인류 그리고 지구

며 생활하는 현대인을 가리킵니다. 지구에 사는 인류는 시대에 따라 새로운 에너지원을 찾아 변화하며 생활하고 있는데, 그렇다면 지구인을 에너지 노마드라고 할 수 있을까요?

유목민은 가축이 풀밭의 풀을 모두 뜯어 먹기 전에 새로운 장소로 이동할 준비를 합니다. 먼 길을 걸어서 푸른 풀과 나무, 물이 있는 터전을 찾습니다. 우리도 땅속에 묻힌 화석연료가 고갈되기 전에, 지구 온난화가 더 심해지기 전에 새로운 에너지 시스템을 개발해야 합니다. 각자가 앞장서서 과학에 관심을 가지고 에너지를 올바로 이해하는 일부터가 바로 에너지 노마드의 준비 자세입니다. 화석연료 시대 다음을 잇는 에너지는 과연 무엇일지 생각해 보세요.

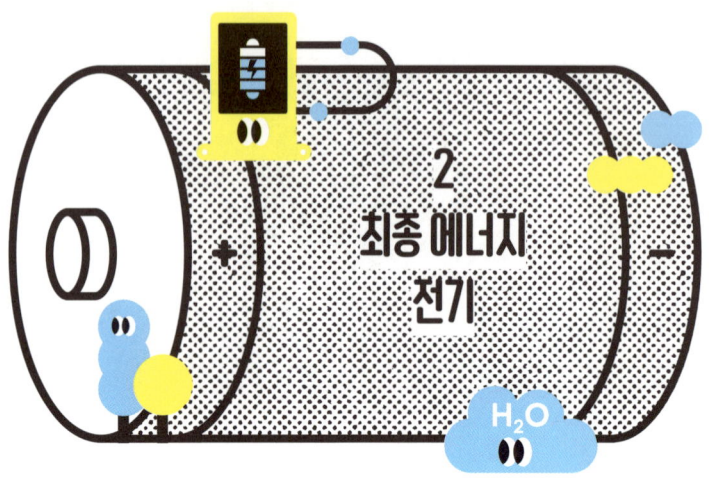

사회는 산업을 중심으로 1차 산업인 농업, 2차 산업인 광공업, 3차 산업인 서비스업, 4차 산업인 지식 집약적 산업으로 나뉩니다. 가을철 논에 가면 벼가 고개를 숙이고 수확을 기다립니다. 농업에 종사하시는 분들이 한 해 동안 땀 흘려 일궈 낸 결과물입니다. 광공업은 석탄 채굴에서부터 자동차, 철강 제품, 석유화학, 반도체 생산 등 제조업을 포함합니다. 은행, 보험 등 금융회사, 학원, 의료 보건업 등 서비스업도 사회를 구성하는 하나의 활동입니다. 2015년 클라우스 슈밥(Klaus Schwab, 1938~)은 세계경제포럼에서 4차 산업혁명을 언급하며, 사회가 디지털 시스템화되어 가는 모습을 설명했습니다. 모든 산업은 에너지를 사용하여 물자와 식품, 우리가 살아가는 생활에 편리한 서비스를 제공합니다.

예전에는 사람들이 주로 농사를 지으며 살았지만, 지금은 로봇, 컴퓨터, 인공지능처럼 똑똑한 기술이 쓰이는 4차 산업에서 일하는 사람이 많아져 전력 수요가 급증하고 있습니다. 또한 1차 산업에서도 밭을 갈 때 소 대신 트랙터 같은 농기계를 쓰다 보니 작업은 훨씬 빨라졌지만, 그만큼 에너지도 더 많이 필요하게 되었어요. 지금을 혼종의 시대라고도 합니다. 아날로그와 디지털, 사람과 기계, 예술과 기술이 함께 혼합되어 경계 없이 살아가고 있습니다.

우리가 매일 사용하는 스마트폰과 컴퓨터는 새로운 정보를 끊임없이 만들어 냅니다. 이러한 정보들은 '데이터센터'라는 특별한 장소에 모여 저장되는데, 데이터센터는 정보를 모으고 지키는 커다란 컴퓨터 창고 같은 곳입니다. 전 세계 인구가 주고받는 SNS 글과 사진, 숏츠, 동영상이 초 단위로 만들어지며 쌓이고 있습니다. 많은 데이터를 기록하고 저장해서 보관하고, 필요할 때 볼 수 있도록 데이터센터가 늘어나고 있습니다. 모두 전기에너지를 사용합니다.

전기는 우리가 안전하고 편리하게 사용할 수 있는 에너지입니다. 전기를 사용할 때는 어떤 오염물질도 나오지 않아서

전기에너지를 사용하는 인공지능 로봇

환경에 좋아요. 고압전선 주변으로 강한 전자파가 발생하는 현상은 있으나 에너지를 비교적 안전하게 먼 거리까지 공급할 수 있습니다.

　전기에너지를 사용하는 전자제품이 사람의 일을 빠르게 대신하고 있어요. 음식점은 주문과 계산을 키오스크에서 하고, 조리한 음식은 서빙로봇이 가져다줍니다. 다 먹은 접시를 수거하는 로봇도 있어요. 가정에서는 가스레인지에서 전기레인지 사용으로 바뀌고 있습니다. 집 안을 난방하는 보일러도 전기를 이용하는 난방 시스템으로 대체할 수 있습니다. 전기에너지만 사용하는 건물을 전전화건물이라고 합니다. 항공사는 공항에서 항공권 발급과 무거운 짐을 보내던 승무원 대신 무인 시스템으로 전환했습니다. 전기에너지를 사용하는 기계가 곳곳에서 사람을 대신하여 일하고 있습니다.

국제에너지기구는 매년 전 세계 에너지 소비량을 조사합니다. 미래에 사용할 에너지원별 전망치도 발표합니다. 국제에너지기구는 전기에너지 요구량이 2023년 대비 2050년에 약 70%나 증가할지 모른다고 예측했습니다. 정말 그렇게 될지 2050년에 확인해 봐요. 어른이 되면 키가 180센티미터가 될 거라는 유전자 검사의 예측처럼 에너지 전망은 희망과 함께 불확실한 가능성도 있어서 진짜 그렇게 될지는 모르기 때문입니다. 전기는 생활에 필요한 에너지뿐만 아니라 전기자동차나 기계가 움직일 수 있도록 동력원을 제공합니다. 친환경 신재생에너지로 전기를 생산하면 환경오염을 줄일 수 있기 때문에, 온실가스를 배출하는 기존 에너지원에서 신재생에너지로 전환해야 합니다. 청정에너지 보급과 함께 소비자가 사용하는 에너지를 전기화하면 온실가스 배출을 줄일 수 있습니다.

청정에너지로 움직이는 무공해 운송 수단

운송은 석유 에너지를 많이 사용하는 분야 중 하나입니다. 자동차, 선박, 비행기는 모두 사람을 태우거나 물건을 싣고 땅, 바다, 하늘을 이동하는 편리한 운송 수단입니다. 가까운 거리도 자동차나 지하철로 이동하면서 에너지를 소비합니다. 방학이나 연휴가 되면 비행기를 타고 어디든 떠나고 싶습니다. 물론 에너지원 없이는 불가능합니다. 도로 위를 달리는 자동차 대부분은 아직도 휘발유와 디젤을 주유해야 합니다. 도로 곳곳에 있는 주유소는 옆을 지나갈 때마다 기름 냄새가 솔솔 콧속으로 들어옵니다. 자동차에 사용하는 에너지는 우리가 사는 대기를 오염시키는 주원인입니다.

지구를 깨끗하게 사용하기 위해서는 환경을 파괴하는 운송 에너지를 청정에너지원으로 하루빨리 전환해야 합니다. 도로 위를 달리는 자동차가 모두 전기와 수소에너지만을 사용하여 움직인다면 더 이상 매연을 맡지 않을 수 있습니다. 바다에서 대형 컨테이너나 물류를 운반하는 선박이 수소에너지를 연료로 항해하면 해양오염이 줄어듭니다. 하늘을 나는

수소에너지(왼쪽)와 전기(오른쪽)를 사용하는 자동차

항공기도 바이오, 전기, 수소에너지 연료를 사용하면 공해가 사라질 겁니다. 운송 수단의 에너지 전환은 빠르게 이루어지고 널리 보급되어야 합니다. 여러분은 미래에 수소차와 전기차 중 어떤 자동차를 타고 싶나요?

3
에너지 저장
시스템

전기에너지는 공급과 수요가 실시간으로 맞아야 합니다. 음식은 따뜻할 때 먹어야 맛있듯이 전기도 생성되자마자 바로 사용되어야 합니다. 제우스의 무기인 번개가 강력하지만 가두어 둘 수 없듯이 전기도 저장하는 것이 쉽지 않기 때문입니다.

바람이 세게 불어 풍력발전기가 많은 전기를 만들어도, 사람들이 전기를 적게 쓰는 밤에는 그 에너지를 제대로 활용하지 못합니다. 결국 전기의 수요와 공급 균형이 맞지 않으면 에너지가 낭비될 수 있죠. 라면 다섯 개를 한 번에 끓여서 다 먹지 못하면 면이 퉁퉁 불어서 나중에 따뜻하게 데워 먹을 수 없듯이 말입니다. 전기를 필요한 만큼 공급하기 위해서는 시스템이 필요합니다. 장난감 자동차에 넣는 건전지는 전기에너지를 저장해 두었다가 필요할 때 꺼내 쓸 수 있는 대표적인 에너지 저장 장치입니다.

✛ 에너지 저장 시스템

저장 방식에 따라 기계적·전기화학적·화학적·전기적·열에너지 형태로 나눌 수 있습니다. 에너지는 다양한 형태로 만들어 저장한 뒤, 필요할 때 원하는 형태의 에너지로 바꿔 사용합니다. 건전지가 작동하는 원리처럼, 대용량의 전기를 저장해 두었다가 사용할 수 있게 해 주는 기술이 바로 전기화학에너지를 이용한 에너지 저장 시스템입니다. 다람쥐 볼처럼 도토리를 가득 담아 저장해 뒀다가 배고플 때 꺼내어 먹는 식이죠. 겨울엔 다람쥐 먹이가 많지 않아서 가을철에 자신만이 알 수 있는 땅속이나 나무에 먹이를 숨겨 둡니다. 가을에 도토리가 잘 익었을 때 미리 보관해 두어야만 추운 겨울을 이겨 낼 수 있습니다. 가끔은 자기가 숨겨 놓은 위치를 못 찾기도 합니다. 조금 더 똑똑한 지도가 있다면 어디에 도토리를 보관했는지 기억할 수 있을 텐데 말이죠.

에너지 저장 시스템 하면 이름이 거창하지만, 사실 주변

노트북에 사용하는 리튬이온 전지

곳곳에서 쓰이고 있습니다. 전기자동차는 리튬이온 전지를 사용합니다. 리튬이온 전지는 전기에너지를 충전하여 저장하는 장치입니다. 전 세계 에너지 저장 장치 중 90% 이상(2021년 기준 누적 설치 용량)을 차지하는 리튬은 알칼리 금속의 일종으로, 전자를 쉽게 내보내는 성질이 있어 전지의 핵심 원료로 사용됩니다. 불에 타면서 빨간색을 내는 금속 광물이며 석탄, 석유처럼 땅속 지층에 묻혀 있습니다.

지층에 묻힌 자원의 양은 한정적입니다. 전기화학에너지를 사용하는 배터리 속 금속은 전자를 이동시켜 전기를 만들고, 이온을 반대 방향으로 이동시켜 전기를 다시 충전할 수도 있습니다. 이처럼 배터리는 자연환경에 따라 생산량이 들쭉날쭉한 재생에너지를 안정적으로 사용할 수 있도록 도와주는 중요한 장치입니다. 기후변화가 심해지면서 기온, 바람의 세기, 장마 기간, 태풍의 발생률 예측이 어려워지는 시기에 에너지 저장 시스템은 겨울철 다람쥐의 도토리 같은 역할을 합니다.

에너지를 저장하고, 필요할 때 나누어 공급하며, 소비자가 사용할 수 있도록 만드는 기능은 재생에너지의 활용도를 높이는 데 큰 역할을 합니다. 이러한 시스템 덕분에 재생에너지의 점유율이 점점 더 높아질 수 있습니다. 에너지를 생산하는 생산자가 우리 가까이에도 있습니다. 예를 들어 전기자동차는 스마트폰과 태블릿 PC를 충전해 줍니다. 캠핑장으로 전기차를 타고 가면 전기차에 저장된 전기에너지를 사용하여 영화를 보기도 합니다. 운송 수단 이상의 에너지 분산 기능을 하는 것입니다. 전기차 배터리는 에너지를 저장하는 시스템으로 활용되며, 사용 후에도 재이용, 재사용, 재활용이 가능합니다.

원자력발전소와 화력발전소는 도심 근처에 건설할 수 없습니다. 서울시청 앞 광장에 원자력발전소는 세울 수 없지만, 태양광 패널은 설치할 수 있습니다. 태양광으로 낮에 충전한 에너지를 저장해 두었다가, 저녁에 전기에너지로 크리스마스 트리를 밝힐 수 있습니다. 이렇게 재생에너지와 에너지 저장 시스템이 함께 작동해야 우리가 원하는 시간에 전기를 사용할

스마트그리드 도시

수 있습니다.

　대기오염의 주범인 화력발전소를 줄이기 위해서는 에너지를 더 효율적으로 생산하고, 저장하고, 나누고, 사용하는 역할이 중요합니다. 그래야 깨끗한 미래 에너지 사회로 나아갈 수 있어요. 여기에 인공지능이 힘을 합쳐 조금 더 스마트한 시스템을 만들어 가고 있습니다. 모든 도시에 원자력발전소를 지을 수는 없으므로 다람쥐가 먹이를 숨겨 둔 위치를 기억하듯이 '스마트그리드(Smart Grid)'라는 지능형 에너지 관리 시스템이 등장한 것이죠. 이 시스템은 에너지가 넘쳐 낭비되지 않도록 하고, 꼭 필요한 곳에 알맞게 나누어 줍니다.

제우스 신의 선물, 판도라

그리스 신화 속 제우스는 신들의 왕입니다. 프로메테우스가 인간에게 자신이 아끼는 불을 선물한 일에 화가 난 제우스는 인간을 곤경에 빠트리려고 합니다. 대장간의 신 헤파이스토스(Hephaestus)에게 여자 인간을 만들게 합니다. 여자는 신들로부터 특별한 선물을 받으며 세상의 매력을 갖추게 됩니다. 사랑과 아름다움의 여신 아프로디테는 눈부신 아름다움을, 음악의 신 아폴론은 뛰어난 악기 연주 실력을 선물합니다. 헤르메스 신이 예쁜 목소리를 선물하자 여자 인간은 완벽해지죠. 제우스는 그녀의 이름을 '모든 선물을 받은 자'라는 뜻으로 판도라(Pandora)라고 지었습니다.

판도라는 제우스의 명령에 따라 프로메테우스의 동생인 에피메테우스에게 보내졌고, 두 사람은 사랑에 빠졌습니다. 그녀는 제우스가 준 상자를 함께 가지고 갔고, 절대 열어 보면 안 된다는 당부 때문에 집 안에 잘 보관해 뒀습니다. 그러나 호기심과 궁금증이 많은 판도라는 오래 참지 못했습니다. 상자에 무엇이 담겨 있는지 알고 싶었습니다. 열어 보지 말라고

〈판도라〉 (단테 가브리엘 로세티, 1871)

하니 더욱 궁금했습니다. 마침내 판도라가 상자를 열자 인간에게 해로운 질병, 고통, 전쟁, 질투, 분노 등이 쏟아져 나왔습니다. 그러나 마지막으로 그녀는 상자 안에서 희망을 발견했습니다. 오늘날 지구에 사는 우리가 기후변화를 이겨 낼 수 있는 희망은 바로 과학기술에 있다고 생각합니다. 판도라의 상자 마지막에 남았던 '희망'처럼 인간의 활동으로 생겨나는 온실가스를 줄이기 위한 새로운 에너지원 개발이 그 희망을 현실로 만들고 있기 때문입니다.

4
탄소 길들이기

기후위기의 주범은 이산화탄소입니다. 이산화탄소는 지구로 들어오는 태양열을 붙잡아 지구의 온도를 높입니다. 지구를 포함한 태양계의 중심에 있는 태양은 스스로 빛을 내는 항성으로, 행성들에게 에너지를 전달합니다. 이때 지구는 태양으로부터 받은 열을 다시 복사열로 내보내 균형을 맞춰야 하는데, 대기 중에 이산화탄소가 늘어나면서 열이 빠져나가지 못해 지구가 점점 더워지고 있습니다. 이를 지구 온난화라고 합니다.

　온실가스는 지구가 내보내는 열에너지를 붙잡아 두는 성질을 가진 기체를 말합니다. 1997년에 채택된 교토의정서는 대표적인 여섯 가지 온실가스를 규정했습니다.

① 이산화탄소(CO_2)

② 메테인(CH_4)

③ 아산화질소(N_2O)

④ 수소불화탄소(HFCs)

⑤ 과불화탄소(PFCs)

⑥ 육불화황(SF_6)

이 가스들은 지구 온난화의 주요 원인으로, 국제사회는 이들을 줄이기 위한 노력을 이어 가고 있습니다. 인류가 활동을 시작한 이후, 석탄과 석유 같은 화석연료를 사용하면서 이산화탄소와 메테인가스의 배출량은 해마다 증가하고 있습니다. 모두 탄소(C)를 포함한 기체입니다. 대기에 포함되어 열을 보관하는 능력을 지구온난화지수(Global Warming Potential)라고 부르는데, 이산화탄소는 1이고 메테인은 21, 아산화질소는 310입니다. 온실가스의 지구온난화지수는 값이 높을수록 적은 양으로도 더 많은 열에너지를 흡수해 지구의 기온을 더 빠르고 크게 높입니다.

모든 탄소를 대기에서 없애고 가둬 버리면 좋겠지만, 만약 이산화탄소가 전혀 없으면 지구는 모든 복사열을 우주로 내보내 버려 너무 차가워질 것입니다. 거대한 포유류였던 맘모스가 빙하기에 모두 얼어서 멸종되었듯이 같은 일이 일어나서는 안 됩니다. 인류가 배출하는 이산화탄소만 포집하여 가둬 두면, 더 이상 지구 온도는 올라가지 않습니다. 오늘날 과학기술은 탄소와 혼합된 에너지를 사용하면 이산화탄소가 발생합니다.

2023년 환경부 온실가스 종합정보센터에서 발표한 기준에 따르면 2021년 기준 한국은 온실가스 총배출량 중 이산화탄소 배출이 차지하는 비율이 91.3%입니다. 과자 봉지까지 모두 먹을 수 있다면 좋겠지만, 아직 해결하지 못한 문제입니다. 과자를 먹으면 쓰레기가 생기듯, 화석연료를 사용하면 이산화탄소가 배출됩니다. 이산화탄소는 대기 구성 성분의 0.03%를 차지하며, 식물이 광합성을 통해 영양분을 만드는 데 꼭 필요한 기체입니다. 그러나 화석연료 사용으로 이산화탄소 농도가 높아지지 않도록 균형을 유지하는 것이 중요합니다.

우리가 사용하는 에너지원을 청정에너지로 전환하는 데 필요한 시간 동안 발생하는 이산화탄소를 대기로 배출하지 않는 기술이 필요합니다. 바로 탄소 포집·활용·저장(Carbon Capture, Utilization, and Storage, CCUS)입니다. 화석연료를 사용하는 발전소, 시멘트, 철강, 석유화학 공장 등에서 나오는 이산화탄소를 포집하여 활용하거나 땅속 깊은 지층에 저장합니다. 땅속에는 수억 년 동안 석유와 천연가스가 숨어 있던 공간이 있습니

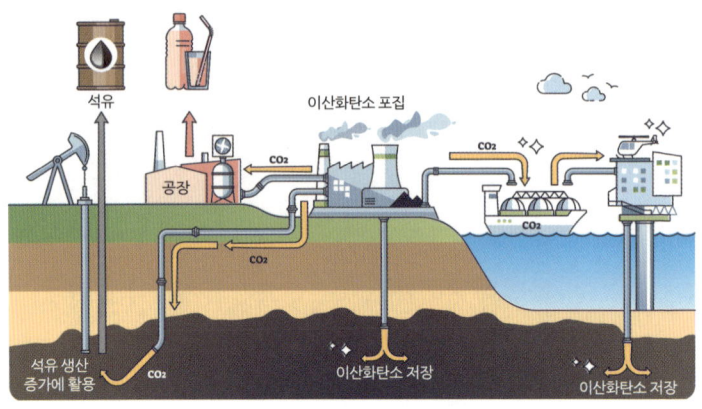

탄소 포집, 저장, 활용 모습

다. 화석연료를 모두 사용하고 비어 있는 안전한 공간으로 이
산화탄소를 넣어서 가둬 놓으면 온실가스로 대기 중에 나오지
않습니다. 한마디로 탄소라는 악당을 잡아 두는 지하 감옥입니
다. 새로운 기술을 탐구하는 과학자들은 이산화탄소를 높은 온
도와 압력에서 광물에 흡착시켜 광물 일부로 만들려는 노력도
진행 중입니다. 이산화탄소를 건축물 자재로 전환하거나 석유
가 매장된 땅속 지층에 주입하면 석유 회수율을 높일 수 있습
니다. 탄소를 재활용하는 과학기술은 앞으로도 인류 사회가 움
직이는 데 중요한 동력원이 될 기술입니다.

탄소 악당을 잡기 위한 탄소배출권 제도가 있습니다. 기업
이 경영 활동을 하면서 배출한 이산화탄소의 양에 따라 비용을

산정해 국가에 지불하게 하는 제도입니다. 이는 기업들이 탄소 배출을 줄이도록 유도하는 장치입니다. 전 세계적으로 탄소중립을 달성하기 위해 배출되는 탄소에 세금을 내도록 법으로 정하고 있습니다. 기업은 일정량의 탄소를 배출할 수 있는데, 배출을 줄인 기업은 남은 배출권을 거래 시장에서 사고팔 수 있습니다. 마치 운동선수 카드나 장난감을 서로 교환하는 행위와 비슷한 시장이 형성되는 것이죠. 또한 법으로 규제하여 공장 굴뚝에서 무단으로 탄소를 배출하지 못하게 했습니다. 깨끗한 지구를 위해 자발적 참여가 이상적이지만, 이러한 규제를 통해서라도 기후변화를 완화할 수 있으면 좋겠습니다.

　우리가 알고 있는 탄소는 나쁜 모습만 있을까요? 동소체는 같은 원소로 이루어졌지만 원자들이 배열되는 방식이 달라서 성질이 다른 물질을 말합니다. 예를 들어, 흑연과 다이아몬드는 모두 탄소로만 이루어졌지만 전혀 다른 성질을 가지고 있습니다. 탄소로 이루어진 다이아몬드는 아름답고 단단한 보석으로, 탄소의 좋은 모습 중 하나입니다. 탄소는 무조건 나쁜 악당이 아닙니다. 우리가 걱정하는 것은 대기 중에 이산화탄소 같은 온실가스가 너무 많아지는 것입니다. 탄소배출권에서 이야기하는 탄소는 온실가스로 분류된 탄소화합물 기체입니다. 우리 몸에 건강한 음식과 해로운 음식을 구분해야 하듯이 지구에 나쁜 탄소화합물이 무엇인지 제대로 알아야 합니다.

재생에너지 주인은 누구일까요?

지구의 주인은 누구일까요? 지구에는 다양한 생명체가 살고 있는데 인간이 주인이라고 말할 수 있을까요? 에너지로 돌아와서 질문해 보겠습니다. 햇빛, 바람, 지열, 파도, 밀물과 썰물의 주인은 누구일까요? 모두 자연에서 온 것이고 누구의 소유도 아닙니다. 그렇다면 주인이 없는 자연의 힘을 이용해 풍력발전소나 태양광발전소를 세우고, 그 에너지로 전기를 생산해 평생 수익을 내는 것은 과연 합당한 일일까요? 여러분은 어떻게 생각하나요?

우리가 살아가는 사회는 생산 활동을 통해 이익을 얻습니다. 어른들은 땀 흘려 일합니다. 물건을 만들어 팔거나 서비스를 제공해 돈을 받습니다. 자연에서 햇빛, 바람과 지열처럼 생산활동 없이 얻어진 이익은 불로소득일지 모릅니다. 재생에너지는 하나의 회사가 독점적으로 취할 수 있는 대상이 아닙니다. 공동 자원으로 함께 지키고 공유해야 하지 않을까요? 대규모 태양광 패널 설치로 산림이 무분별하게 훼손되거나, 바다에 풍력발전기를 세워 어업 활동이 전혀 불가능해진다

자연이 제공하는 재생에너지

면, 재생에너지는 오히려 자연과 인간에게 해를 끼치는 방법이 될 수 있습니다. 생태계를 파괴하지 않는 범위에서 기업 활동으로 재생에너지를 사용한다면 사회 공동을 위한 이익 공유제를 실행해야 합니다. 땅속의 석유나 천연가스는 석유회사에서 생산하지만, 이익 일부를 세금이나 생산물의 형태로 국가에 제공해 공공을 위해 써야 합니다. 재생에너지에 대한 여러분의 생각은 어떤가요? 지구를 한 바퀴 돌아서 불어오는 바람이 내 거라고 할 수 있나요?

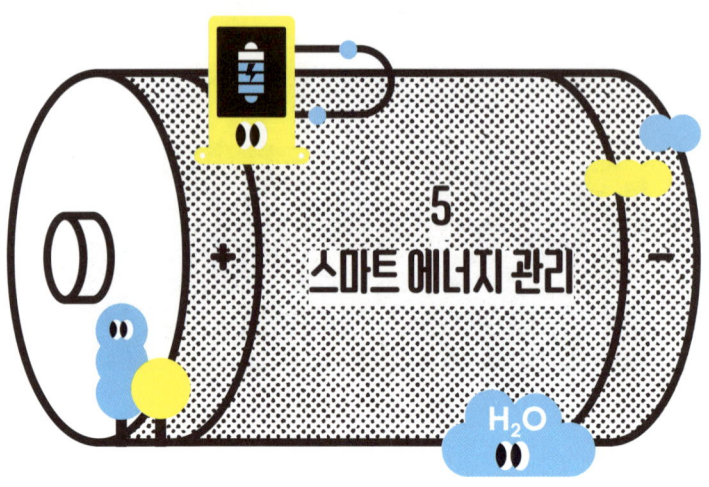

5
스마트 에너지 관리

맛집 앞에 길게 늘어선 줄을 보면, 대기하는 사람들이 허비하는 에너지가 적지 않습니다. 친구와 수다를 떨며 메뉴판을 자세히 보고 외울 지경이 되어도 줄은 좀처럼 줄지 않습니다. 나쁜 아니라 기다리는 모든 손님들이 시간과 에너지를 소비하게 되죠. 대기자를 이렇게 줄 세워 에너지를 낭비하게 만드는 가게는 바람직하지 않습니다. 예약은 기다리는 동안 소모되는 에너지를 아끼는 방법입니다.

　에너지를 효율적으로 사용하는 방법은 생활 속 작은 행동에서 시작됩니다. 주어진 시간과 에너지를 알차게 쓰려면 똑똑한 관리가 꼭 필요합니다. 에너지는 이제 석유와 같은 단일 공급원에 의존하던 시대를 지나, 여러 가지 에너지원이 함께 사용되는 방식으로 바뀌고 있습니다. 화력발전소로부터 모든 전력을 생산하던 시대에서 청정 신재생에너지원으로 전환되고 있습니다. 주변에 미쉐린 음식점이 점점 늘어나듯 다양한 에너지 공급원이 지역마다 설치되어 에너지 시스템을 만들어 갑니다. 우리 집에 공급되는 전기는 우리 동네에서 만들어집니다.

미래에는 기름을 공급하는 주유소가 점차 사라지고 전기 충전기, 수소 충전소가 늘어날 전망입니다. 태양광 패널과 풍력 발전기는 산과 바다, 들에 새롭게 증가하고 있습니다. 대형 풍력발전기를 회전시키는 바람의 힘은 볼 때마다 신비롭습니다. 국가는 전력수급기본계획을 수립하여, 필요한 에너지가 지역 곳곳에서 안정적으로 공급될 수 있도록 추진 중입니다. 이를 분산 에너지라고 합니다. 에너지는 매일 다양한 장소에서 만들어져 소비자가 사용합니다. 이를 종합적으로 관리할 수 있는 시스템을 함께 준비하고 있습니다. 에너지 관리 기술은 단순합니다. 에너지를 효율적으로 이용하고 충분하게 저장하고 수요에 따라 사용하는 양을 관리하면 됩니다. 사람 대신 인공지능이 디지털화된 데이터를 바탕으로 척척 제어해 줍니다. 더울 때 에어컨이 설정한 온도에 맞춰 시원한 공기를 만들어 주듯 에너지 사용량에 따라 자동화된 시스템이 도와줍니다. 필요 없

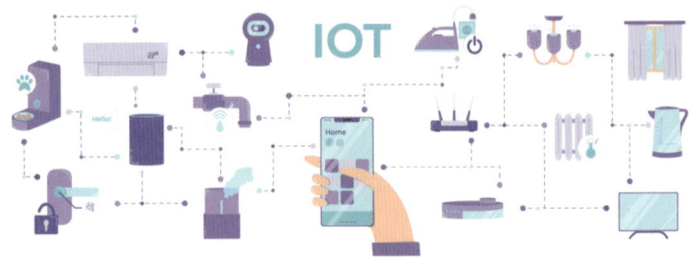

사물인터넷으로 작동하는 스마트홈

는 조명을 끄고, 냉난방을 조절하고, 기기가 오작동하지 않는지 진단해 주고, 사용하지 않는 전자기기 전원을 차단해 줍니다.

에너지를 절약하기 위해 우리는 인공지능을 사용합니다. 사람보다 빠르게 많은 데이터를 쉬지 않고 관리할 수 있기 때문입니다. 전원을 켜기 위해 텔레비전으로 직접 가는 시간보다 리모컨이 빠릅니다. 리모컨보다 텔레비전 앞에 앉을 때 자동으로 인공지능이 인식하고 켜 주면 더 편리합니다. 알고리즘이라는 컴퓨터 속 두뇌 기술만 새롭게 발전시키면 더 효과적으로 변합니다. 레고 장난감에 머리만 바꿔서 새로운 캐릭터를 조합하듯 변신시킬 수 있습니다.

전자기기에는 통신망을 통해 작동시킬 수 있는 사물인터넷(Internet of Things, IoT) 기술이 적용되어 있습니다. 전등 스위치, 보일러, 세탁기와 같은 사물에 인터넷이 연결되어 어디서든 확인할 수 있습니다. 스마트폰으로 집 안의 거의 모든 전자제품을 조절할 수 있습니다. 부모님은 스마트폰으로 자동차에 시동을 걸거나 냉난방기를 작동합니다. 카메라로 인사를 주고받습니다. 이것이 바로 에너지 자원을 통합하여 관리하는 데 필요한 과학기술입니다. 우리 동네에 살고 있는 시민이 사용하는 에너지의 양을 기록하여 스마트그리드라는 하나의 현황판을 만들 수 있습니다. 이 또한 에너지가 낭비되지 않도록 관리하는 기술이며 꾸준히 발전하고 있습니다. 과학기술은 에너지 소모가 많은 건물, 교통, 가정 등에 안정적으로 에너지를 공급할 수 있도록 스마트 에너지 관리를 수행합니다.

과학과 에너지

나만의 비서, 자율주행

자동차 산업에서는 운전자 없이도 스스로 주행할 수 있는 자율주행 기술이 점점 현실화되고 있습니다. 면허증을 소지한 어른뿐 아니라 보호자 없이 학생 혼자 차를 타고 원하는 장소로 갈 수 있는 시대가 다가옵니다. 자율주행은 과학기술 활용

국제표준 자율주행 단계 분류표

레벨 0	레벨 1	레벨 2	레벨 3	레벨 4	레벨 5
운전 자동화 없음	운전자 보조	부분 운전 자동화	조건부 운전 자동화	고도 운전 자동화	완전 운전 자동화
–	운전자 보조 필요			자율주행 자동차	

정도에 따라 레벨 1에서 완전 자율주행이 가능한 레벨 5로 나뉩니다. 레벨 4 이상부터는 운전자 없이도 인공지능이 내장된 자동차가 스스로 판단하여 안전하게 이동합니다.

자율주행 전용차선을 달리는 차는 사고 위험이 없고 에너지도 효율적으로 사용합니다. 도로에서 차 사고가 없으니 막히지도 않고 빠르게 목적지까지 갑니다. 탑승자는 운전하지 않기 때문에 에너지를 아껴 차 안에서 독서나 영화 보기처럼 다른 활동을 할 수 있습니다. 하늘을 나는 에어택시도 자율주행이 탑재되면 이동시간을 줄여서 에너지를 절약할 수 있습니다. 앞으로 자율주행이 완전 운전 자동화 단계에 이르러 친구들끼리만 차를 타고 떠나는 여행을 곧 경험할 수 있기를 기대합니다.

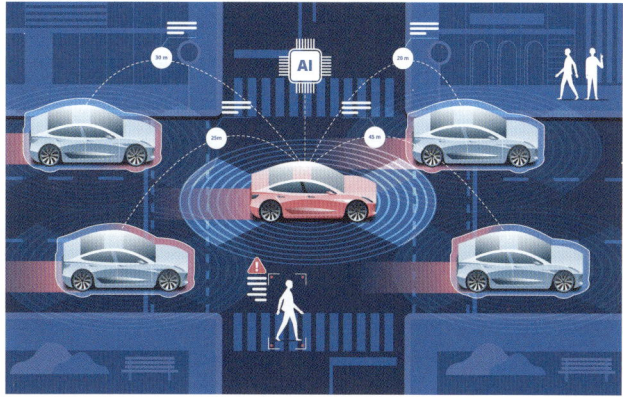

센서로 주변을 인식하는 자율주행차

지구가 웃는
에너지 습관

에너지 사용은 멈출 수 없습니다. 학교에서는 학생들이 배고프지 않도록 열에너지를 이용해 맛있는 점심을 준비하고, 병원 수술실에는 생명을 살리는 전력이 공급됩니다. 가정에 공급되는 천연가스는 겨울철 추위에 떨지 않도록 도와줍니다.

에너지 없는 삶은 불가능하기 때문에 인류가 지구에서 살아가기 위해서는 지속 가능한 발전 방법을 찾아야 합니다. 자연을 파괴하지 않고 오래 공존할 방법이어야 합니다. 북극곰은 매년 줄어드는 빙하로 인해 서식지를 잃고 있습니다. 다양한 생명체가 건강하게 살아갈 수 있도록, 지구에 사는 인류가 앞장서야 합니다. 우리에게는 아름다운 자연을 지키고 보존할 수 있는 과학기술이 있습니다.

한 사람 한 사람의 노력이 모이면 결국 세상을 바꾸는 힘이 됩니다. 지구가 행복해지기 위해 새로운 청정에너지 기술을 발전시켜야 합니다. 물건을 아껴 쓰고, 나누어 쓰고, 바꾸어 쓰고, 다시 쓰는 일은 우리가 모두 일상에서 실천할 수 있습니다. 에너지 효율성을 높이는 역할은 과학이 도와줘야 합니다. 휘발유 1리터를 소비하여 광화문역에서 강남역까지 10킬로미터만 갈 수 있는 승용차 대신 공해를 줄이면서 다시 광화문역으로 돌아올 수 있는 경제적인 교통수단이 필요합니다. 여러분과 함께 판도라의 상자에 남아 있던 마지막 희망을 찾아서 떠나 봐요. 새로운 에너지를 탐색하면서 에너지 효율성 향상, 환경 지키기, 정의로운 행동, 그리고 소비자 주도로 변화하는 세상을 만들어 가야 합니다.

바다 얼음 위에서 쉬고 있는 북극곰

+ 효율성 향상

에너지 효율을 높이는 기술은 에너지 사용을 줄이는 동시에 안정적인 공급에도 도움을 줍니다. 한 번 충전해서 하루 사용하던 전자제품을 일주일 이상 움직이게 한다면 에너지 소비가 줄기 때문입니다. 전 세계 인구가 계속 늘어나면서 한 사람당 편리한 생활을 위해 필요한 에너지 수요도 꾸준히 증가하고 있습니다. 신재생에너지 시장은 빠르게 성장하고 있지만 실제 사용량을 충족할 만큼 공급하려면 여전히 많은 시간과 노력이 필요합니다. 같은 에너지를 사용하고도 더 오랫동안 많은 동력원으로 사용할 수 있는 기술이 미래 에너지 요구량을 채워 줄 수 있습니다.

+ 환경 지키기

지구에 산소를 공급해 주는 자연이 필요합니다. 식물은 이산화탄소를 흡수해 광합성을 하며 산소를 만들어 줍니다. 온실가스를 대기 중에서 줄여 주는 '마법의 지팡이'가 바로 나무인 이유가 있습니다. 나무는 이산화탄소를 몸속에 저장하기 때문입니다. 에너지를 사용하기 위해 환경을 지키는 일은 무엇보다 중요합니다. 악당을 무찌를 나무 군대가 필요합니다.

+ 정의로운 행동

미래를 위한다고 모두 옳은 이야기는 아닙니다. 맛있는 음식이 모두 건강에 좋다고 말할 수 없는 것처럼 어떤 행동인지 잘 알고 결정해야 합니다. 몸에 좋다고 당근만 먹으면 영양 불균형이 일어납니다. 영양소를 골고루 파악하여 신체활동에 필요한 양만큼 먹어야 합니다. 새로운 에너지를 탐구하고 전환하기 위해서도 정의로운 행동은 필수적입니다. 어느 한쪽만 이익을 보지 않도록 결정해야 합니다.

+ 소비자 주도 변화

세상의 주인공은 바로 나, 소비자입니다. 내가 어떤 선택을 하느냐에 따라 불필요한 장식은 사라지고, 현수막과 광고지로 가득 찬 거리는 깨끗해집니다. 불량식품 가게는 문을 닫고, 건강하고 맛있는 음식점이 늘어납니다. 허풍만 늘어놓는 기업은 설 자리를 잃게 됩니다. 결국 소비자의 현명한 선택이 세상을 바꾸는 힘이 됩니다. 약속을 지키지 않고 거짓말만 하는 정치인은 유권자의 선택을 받지 못합니다. 세대를 이끄는 우리가 앞장서면 세상이 바뀌고 어른들도 달라집니다. 우리가 살아갈 미래를 깨끗하게 지켜 달라고 꼭 말해야 합니다.

우리는 새로운 에너지 시대로 전환하고 있습니다. 태양과 바람이 주는 자연의 선물, 바로 청정에너지입니다. 자연이 인류에게 준 대로 환경과 공존하는 에너지 시스템을 만들어야 합니다. 끝없는 화석연료 사용 증가로 온실가스가 늘어나면 재앙을 막을 수 없습니다. 좋아하는 과일도, 설탕도, 초콜릿의 원료인 카카오도 이상기후로 가격이 오르고 있습니다.

기후가 변하면 태양과 바람이 에너지를 생성하지 않을 수 있습니다. 검은 연기가 하늘을 뒤덮고 가뭄으로 식물이 사라져 사막화가 일어날지 모릅니다. 여름철 폭염을 피하려고 에어컨을 많이 사용하는 것은 좋은 해결책이 아닙니다. 오늘 당장 지구를 지키기 위한 행동을 실천해야 합니다. 지금이 바로 놓쳐서는 안 될 골든타임입니다. 우리 모두 환경을 먼저 생각하는 생태시민성을 키워야 합니다. 생태시민성은 생태적 틀로 세상을 이해하려는 새로운 시민성입니다. 이제부터 유례없는 기후변화와 대기 중 온실가스 증가를 막기 위한 탄소중립 에너지 기술을 살펴보겠습니다.

우리가 가야 할 길, 탄소중립 마을

지구의 환경문제를 해결하고 홍수와 가뭄 같은 기상이변을 억제하기 위해 우리나라도 2050 탄소중립을 선언했습니다. 세계를 이끌어 가는 선진국으로서 국제사회에 탄소중립 실현에 대한 강한 의지를 표현했습니다. 2021년 8월 '기후위기 대응을 위한 탄소중립·녹색성장 기본법'이 국회를 통과했습니다. 더불어 사는 세상을 만들기 위한 법을 제정하고 실천하기 위한 계획과 행동을 앞장서서 진행하고 있습니다. 80여 개 광역·기초지자체도 2050 탄소중립을 선언했으며 탄소중립 마을 조성을 시작했습니다.

환경부는 탄소중립 그린도시를 "환경 기술과 인프라를 기반으로 에너지 전환, 흡수원 확충, 순환 경제 촉진 등을 통해 탄소중립 달성을 계획하고 실행하는 도시"로 정의했습니다. 창원시를 비롯하여 화석에너지 의존도를 낮추고 에너지 소비를 최소화하는 탄소중립 도시가 등장하고 있습니다. 재생에너지를 확대하고 에너지 효율을 극대화하여 탄소 발생을 제로화하는 도시입니다. 탄소중립 도시에 들어서는 순간 깨

기후위기 대응을 위한 탄소중립

꿋한 공기와 물이 우리를 반길 것 같습니다. 작은 발걸음이지만 모든 도시가 하나둘 참여한다면 머지않아 하늘에서 내리는 눈을 먹을 수 있는 깨끗한 지구를 만날 수 있습니다.

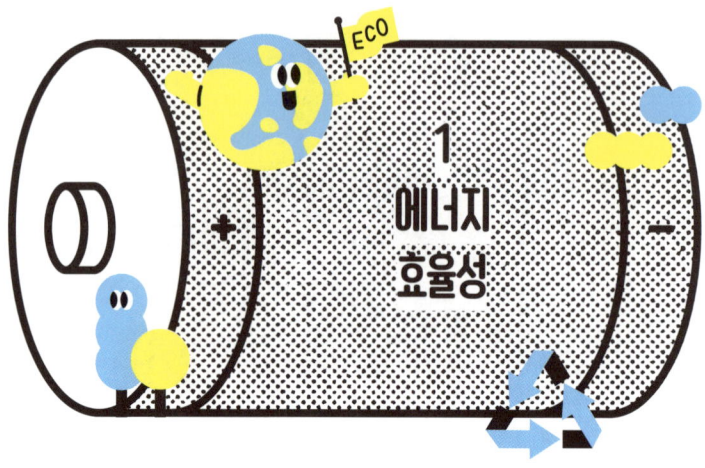

1
에너지
효율성

우리 주변에서 누가 에너지를 많이 쓸까요? 우리나라에서는 자동차, 항공기, 선박 등 수송 부문보다 건물에서 사용하는 에너지가 더 많습니다. 화려한 고층 건물이 늘어나면서 건물에서 소비하는 에너지의 양도 늘어납니다. 건물이 대형 유리로 둘러싸이면 외부의 차가운 공기나 더운 공기가 쉽게 내부로 전달되어 단열 효과가 떨어집니다. 겨울에는 유리를 통해 냉기가 들어와 난방으로 만든 열이 빠져나가고, 여름에는 뜨거운 햇빛과 열기가 실내로 들어와 에어컨 효율이 낮아집니다. 입구를 열어놓은 채 에어컨을 틀어 손님을 맞는 상점은 에너지를 더 많이 소모합니다.

스마트 에너지 도시는 에너지를 효율적으로 사용하는 미래형 도시입니다. 에너지 소비를 줄이고 효율을 높이는 다양한 기술이 적용된 공간입니다. 스마트 에너지 도시는 에너지 효율성을 높이고 탄소 배출을 줄여 생활환경을 향상시킵니다. 신재생에너지를 활용해 에너지를 공급하며, 도시에서 발생하는 폐기물은 재활용합니다.

에너지 소비가 많은 건축물에는 두 가지 주요 대응 기술이 있습니다. 하나는 처음부터 에너지 절약을 고려해 짓는 탄소중립 건물, 또 다른 하나는 기존 건물에 에너지 절감 기술을 적용하는 그린리모델링입니다. 건물이 에너지와 관련이 있다니, 신기하지 않나요? 아파트는 똑같이 생긴 모습이고, 주택은 삼각형 빨간 지붕 모자를 쓴 것처럼 보이지만, 중요한 것은 그 안에 사람들이 살고 있다는 점입니다. 에너지는 결국 사람이 생활하면서 사용하는 것이기 때문에, 건물의 모양보다도 그 안에서 어떤 활동이 이루어지는가가 에너지 소비와 직결됩니다. 즉, 건물과 에너지의 관계는 '사람'에서 시작됩니다.

✦ 에너지 절약형 패시브 주택

절약은 곧 생산이기도 합니다. 무더운 여름, 실내 에어컨

지붕에 태양전지판을 설치한 친환경 주택

온도를 26℃로 설정하면 18℃로 설정한 가정보다 에너지를 덜 쓰게 되고, 아낀 에너지는 다른 곳에 공급될 수 있어 전체적으로 에너지 생산 효과를 낼 수 있습니다.

　패시브 주택은 뛰어난 단열로 실내 온도를 일정하게 유지해 줍니다. 에너지를 사용하는 난방 설비 없이도 자연열만으로 겨울철 실내를 따뜻하게 해 주는 주택입니다. 에너지가 창문이나 벽, 천장 등에서 손실되지 않도록 열 교환을 막습니다. 주택 대지에서 태양에너지나 지열 등을 이용해 에너지를 생산한다면 액티브 주택으로 분류합니다. 절약을 넘어서 생산된 에너지를 소비하지 않을 때는 팔 수도 있습니다. 신재생에너지 발전 장치만 있다면 누구든 에너지 공급자가 될 수 있습니다.

새롭게 태어나는 그린리모델링

오래된 건축물은 철거하여 재건축하거나 기존 건축물에 편리성을 더해 개축합니다. 그린리모델링은 리모델링의 한 종류이며, 에너지 성능과 효율을 개선하여 기존 건물 대비 탄소 배출량을 감소시키는 기술입니다. 노후화한 건축은 창문틀 사이로 바람이 들어오기 쉬워 보일러를 아무리 틀어도 온기가 빨리 전해지지 않습니다. 폐교를 학습원이나 복지시설로 리모델링할 때는 에너지를 절약할 수 있는 자재로 건물을 수리하고, 필요한 공간은 넉넉하게 늘립니다. 오늘날 건축 관련 과학기술은 30년, 40년 전보다 발전했습니다. 스마트홈 시스템은 스마트폰 앱으로 집 안에 거의 모든 전자기기를 제어할 수 있습니다. 사용하지 않는 전기에너지를 차단하여 에너지를 절약하는 데 효율적입니다.

환경과 공존하는 탄소중립 건물

건물은 사람들이 생활하면서 냉방, 난방, 전기제품을 사용하는 데 필요한 열과 전기를 소비합니다. 탄소중립 건물은 에너지 공급을 재생에너지에서 얻기 때문에 배출하는 탄소가 '0' 입니다. 탄소중립 건물을 정의하는 기준은 국가별, 인증기관별로 조금씩 다릅니다. 모두가 합의한 내용이 없어서 공통으로 채택하는 평가 항목을 기준으로 소개할게요. 탄소는 건축물을 시공할 때나 원자재 생산에서 발생하는 양을 모두 포함합니다. 탄소중립 건물은 건축물을 짓는 데 사용한 재료나 건축 방법 모두 친환경적입니다. 공사장 흙먼지와 소음이 발생하는 현장이 아닙니다. 건물에서 사용할 재생에너지는 건물 대지에서 생산해야 합니다. 탄소 제거 프로젝트에 참여한 활동도 전체 탄소 배출량 계산에서 절감한 양으로 인정해 줍니다. 탄소중립 건물이 늘어난다면 서울 공기가 맑아지겠죠?

건물은 사람이 거주하거나 생활하고 일하는 공간을 제공합니다. 주택은 인간 활동과 밀접하게 연결되어 있어 에너지 소비가 많은 공간입니다. 과거 계단으로만 오르던 건물에 엘리베이터와 에스컬레이터가 생겼습니다. 하지만 제2의 심장이라 불리는 허벅지 근육을 키우기 위해 계단을 이용한다면 건강을 지키면서도 에너지를 지속 가능하게 사용할 수 있는 기회를 만들 수 있습니다. 성탄절만 되면 경쟁하듯 건물 외관을 서로 화려하게 치장하느라 바쁩니다. 빛에너지를 이용해 소비자를 유혹하려는 전략입니다. 정신줄을 꽉 잡고 유혹에 흔들리지 않는 현명한 소비자가 되어야 합니다. 에너지 효율성을 높이는 기술을 널리 보급하는 활동은 새로운 에너지를 찾는 것만큼이나 꼭 필요한 행동입니다.

에너지에 인공지능이 왔다

스마트, 자동화, 지능화, 최적화는 모두 인공지능을 설명할 때 자주 쓰이는 핵심 단어입니다. 인공지능은 컴퓨터 도움으로 인간보다 빠른 계산을 프로그램에 맞춰서 스스로 학습하고 실행에 옮깁니다. 예를 들면, 기상예보를 분석하여 재생에너지 발전량을 계산해 줍니다. 에너지가 부족하면 화석연료 발전소나 에너지 저장 시스템에서 얼마큼 생산할지 알려줍니다. 한 지역씩 묶어서 에너지 공급과 수요를 관리하는 스마트그리드가 있습니다. 한 학급씩 학생 수에 따라 급식량을 조리하는 원리와 같습니다. 영양사 선생님은 맛있는 반찬은 많이, 건강한 채소는 적당히, 성장기 학생에게는 더 많은 음식량을 준비합니다. 스마트그리드는 지역에 필요한 에너지를 안정적으로 공급하는 에너지 관리 방법입니다.

알고리즘은 인공지능을 구성하는 프로그램입니다. 수학적 계산을 바탕으로 필요한 만큼의 에너지만 정확히 계산하여 공급합니다. 급식에서 배식이 끝나고 남은 음식은 버려지듯 에너지도 초과하여 생산하면 사라집니다. 계산기로 하던 배

에너지 사용량을 측정하고 관리하는 모습

분을 컴퓨터 도움으로 빠르게 실시간으로 처리하니 버려지는 에너지 없이 전체 사용량을 절약할 수 있어요.

전기에너지는 택배처럼 한 번에 전달되는 것이 아니라, 생산과 소비가 실시간으로 균형을 이루어야 합니다. 이를 위해 지역 내 인구, 교통, 산업, 보건, 환경 등 다양한 요소를 고려해 에너지 수급을 분석하고 관리합니다. 예를 들어, 도로에 교통 체증이 생기지 않도록 차량 흐름을 조절해 에너지 낭비를 줄이는 기술처럼, 인공지능은 실시간으로 데이터를 분석해 에너지 사용을 효율적으로 조정합니다. 컴퓨터에 에너지만 공급되면, 인공지능은 쉬지 않고 우리를 척척 도와줍니다.

산림이나 숲이 광합성을 통해 이산화탄소를 저장하면 그린카본(Green Carbon)이라고 합니다. 바다나 강 같은 해양 생태계에서 생물이 이산화탄소를 흡수하면 블루카본(Blue Carbon)이라고 합니다. 탄소를 뜻하는 카본(Carbon)은 온실가스 중 탄소화합물을 가리킵니다. 땔감으로 인류에게 최초 에너지원이 되었던 식물은 이산화탄소를 흡수해 저장하는 역할로 바뀌었습니다.

현대문명이 발달하면서 인류는 건물을 짓고 도로를 건설하며 공장을 만들기 위해 나무를 베고, 산을 깎는 등 산림을 변화시켜 왔습니다. 자연환경이 훼손되면서 이산화탄소를 흡수하던 숲, 초원, 산이 줄어들었습니다. 서울 도심은 자연 생태계를 이루던 공간이 사라지고 높은 빌딩만이 자리합니다. 미래 세대가 마음껏 뛰어놀 자연을 대부분 이전 세대가 사용해 버린 것은 공정하지 않아 보입니다. 이제는 우리가 책임감 있게 자연을 지켜야 할 때입니다.

식물은 태양에너지를 이용해 이산화탄소를 저장하는 최고의 방법입니다. 누구나 나무 한 그루를 심는 일처럼 작지만 의미 있는 행동을 실천할 수 있습니다. 과학은 멀리 있는 특별한 것이 아니라 가까이에 진실한 실천 방법이 있음을 알려 줍니다.

7월 6일은 세계 맹그로브 생태계 보존의 날입니다. 맹그로브는 열대지역 해안이나 하구 습지에 서식하는 식물 중 탄소 흡수 효과가 높습니다. 전 세계 여러 기업은 맹그로브 숲을 복원하고 보존할 수 있도록 산림을 조성합니다. 탄소 흡수원입니다. 잘피(Seagrass)는 바다에서 자라는 식물로, 해양 생태계에서 탄소를 흡수하고 저장하는 능력이 뛰어납니다.

나무를 심거나 숲을 보전하는 등 산림 활동을 하면 정부는 기업에 탄소배출권을 부여합니다. 산림이 저장할 수 있는 탄소량만큼 기업이 경영 활동을 하며 온실가스를 배출할 수 있도록 허용하는 제도입니다. 해양에 잘피를 심어 탄소배출권을 확보하는 기업도 있습니다. 탄소를 저장하는 식물을 심거나 관리, 파괴하지 않도록 돕는 만큼 기업에서 배출하는 탄소를 제외해 줍니다. 환경을 보호하는 역할은 단순히 탄소를 제거할 뿐 아니라 해당 지역 사회를 발전시키는 데 도움을 줍니다. 아름답게 가꾸어진 자연은 생활환경 개선과 관광자원으로 활용할 수 있습니다. 산림에 서식하는 다양한 생물이 살아갈 환경을 지켜줍니다. 착한 에너지는 지구를 지키는 힘입니다.

환경보호는 에너지를 사용하는 우리에게 지속 가능한 시간을 제공합니다. 에너지 사용으로 발생하는 온실가스를 제거해 주기 때문입니다. 산불이 발생하지 않도록 예방하는 일도 환경보호입니다. 기업은 산림 활동에 앞장서며 기업의 지속 가능성을 돕습니다. 지속 가능한 발전은 사람이 사는 공동체뿐 아니라 기업이 성장하며 유지되기 위해서도 필요합니다. 1987

수중과 수면 사이에 걸친 맹그로브의 뿌리

년 유엔 세계환경개발위원회는 브룬트란트 보고서에서 지속 가능한 발전을 제안했습니다. 오늘날 잘 알려진 기업의 환경·사회·지배구조 경영입니다. 줄여서 ESG 경영이라 말합니다. ESG 경영이란 기업이 환경(Environment), 사회(Social), 지배구조(Governance) 부문에서 이해당사자의 요구와 기대를 충족시키기 위해 수행하는 경영 활동을 말합니다. 환경이 파괴되면 기업도 살아남을 수 없습니다. 공장 폐수를 버린 하천 옆에서는 악취 때문에 노동자들이 제대로 일할 수 없습니다. 소비자는 자연을 지키는 기업을 더 좋아합니다.

과학과 에너지

우리 땅 독도에서 사용하는 에너지

독도에는 독도경비대원을 포함하여 40여 명이 살고 있습니다. 독도를 지키고 생활하며 휴식하기 위해서는 에너지가 필요합니다. 에너지 독립성은 육지와 떨어진 섬뿐 아니라 고산지대나 오지처럼 에너지를 공급받기 어려운 지역에서도 갖추어야 하는 특성입니다.

천연보호구역 독도

독도에는 1970년대에 풍력발전기를 세웠으나 강풍으로 파손되었습니다. 2009년에는 태양광발전기를 설치했습니다. 현재까지 운영 중이며 전체 전기에너지 사용량의 20~30%를 생산합니다. 부족한 부분은 디젤 자가발전기로 만듭니다. 독도는 신라 지증왕 때부터 동해에 위치한 대한민국 영토로서 우리 국민이 지키고 있습니다. 천연기념물 제336호로 지정하여 생태계를 보호하고 있습니다. 자연과 동행하는 독도에는 다채로운 해양 생태계가 있습니다. 환경과 위치, 에너지 사용량, 이용 가능한 대지 조건에 따라 적절한 에너지원을 개발하는 일은 환경을 보호하는 또 다른 실천입니다.

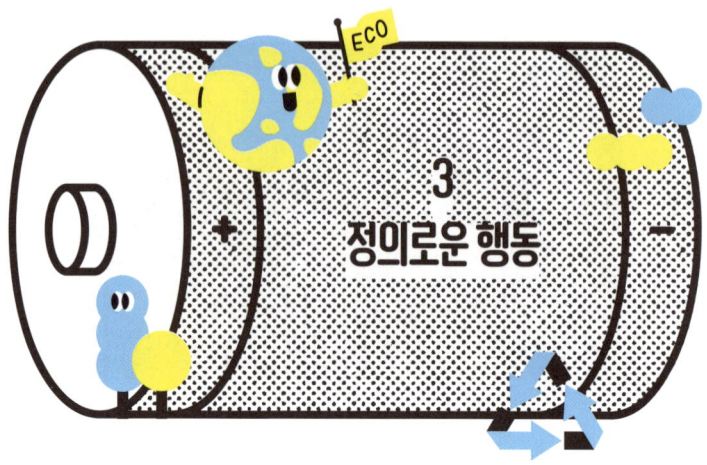

3
정의로운 행동

바이러스와 병균을 이겨 내는 의학은 우리가 건강을 지키고 행복한 삶을 살아갈 수 있도록 도와줍니다. 의학 기술이 발전하지 못했다면 독감에 걸린 많은 환자의 소중한 생명이 위협받았을지 모릅니다. 에너지 분야에서 과학기술은 우리가 맞닿은 에너지 문제를 해결할 마지막 희망입니다. 환경오염으로 아픈 지구를 지키는 우리는 모두 환경 의사입니다. 새로운 기술 개발을 촉진하여 적극적으로 대응해야 합니다. 환경을 해치지 않는 에너지를 만들어 내는 기술을 녹색기술이라고 합니다. 우리나라는 '기후위기 대응을 위한 탄소중립·녹색성장 기본법'(법률 제

20514호, 제1장 제2조)을 통해 녹색기술을 다음과 같이 정의하고 있습니다.

"사회·경제 활동 전반에 걸쳐 화석에너지 사용을 줄이고, 에너지와 자원을 효율적으로 활용해 탄소중립을 이루며 녹색성장을 촉진하는 기술."

법으로 정의한 탄소중립과 지속 가능한 발전을 위한 모든 기술을 녹색기술이라고 부릅니다.

녹색기술은 ① 에너지 이용 효율화 기술, ② 청정생산 기술, ③ 신재생에너지 기술, ④ 자원 순환 및 친환경 기술 등을 가리킵니다. 지구와 더불어 살아갈 수 있도록 협력하는 기술입니다. 녹색기술의 발전은 미래를 위한 인류의 결심이며, 이제 필요한 것은 실천입니다. 전 세계인이 모두 하나 되어 정의롭게 행동해야 합니다. 정의는 실천에 앞서서 중요한 마음가짐입니다. 정의로운 행동은 항상 칭찬받습니다. 모두가 따릅니다. 로마 신화에 나오는 유스티티아(Justitia)는 정의의 여신입니다. 정의롭지 않다면 반대할 겁니다. 에너지를 사용하는 소비자뿐 아니라 생산하는 생산자도 정의로워야 합니다.

정의는 다수의 의견에 무조건 따르는 것을 의미하지 않습니다. 지금까지 사회와 경제를 발전시키는 데 기여해 온 화석연료를 단순히 나쁘다고만 할 수는 없습니다. 새로운 청정에너지로 전환하는 과정에서 함께 에너지 시스템을 지탱해 주는 동반자 역할을 하기 때문입니다. 정의란 무엇일까요? 아빠와 초등학생 아들이 마라탕 한 그릇을 시켜 나눠 먹고 돈을 똑같이 반씩 내자고 한다면 과연 올바를까요? 어떤 독감도 걸리지 않는다는 신약 백신의 가격이 1억 원이라면 누가 매년 맞을 수 있을까요? 경제발전이 늦은 개발도상국에 수소차만 사용하라고 선진국에서 압박을 가하면 정의로울까요? 화력발전소는 공해를 많이 일으키니 모두 문을 닫게 하면 수많은 발전소 직원이 갑작스럽게 일자리를 잃을 텐데 괜찮을까요? 태양광발전소를 짓는다고 해서 정부가 산림을 훼손하는 것은 괜찮나요? 지구가 사용할 에너지와 관련된 중요한 결정을 선진국 몇 나라만 모여 내린다면 개발도상국과 지구 공동체의 목소리는 제대로 반영될 수 있을까요? 에너지 정의는 지구에서 살아가는 모두가 풀어 나가야 할 숙제입니다. 사회에서 받아들여지지 않으면 수용될 수 없습니다. 에너지 정의가 요구하는 분배, 절차, 인정의 공정성이 지켜져야 합니다.

+ 분배

에너지 사용과 환경보호 사이에서 한쪽에 치우치지 않는 결정이 필요합니다. 놀이터가 필요하다고 집 앞 나무를 모두 베어 버릴 순 없습니다. 분배는 책임과도 관련이 있습니다. 식성이 좋은 아빠와 초등학생 아들이 맛있게 마라탕을 먹고 나서 음식값을 나눌 때도 먹은 만큼 공정하게 책임을 나누는 것이 옳습니다.

✛ 절차

새로운 결정을 내리기 전에 미리 정해 둔 절차가 있습니다. 의사결정이 타당한지 꼼꼼히 살펴보기 위한 순서입니다. 재생에너지가 필요하다고 모든 바다에 풍력발전기를 빼곡히 설치할 순 없습니다. 환경에 미치는 영향을 고려해야 합니다. 의사결정의 사회 적합성을 평가할 때는 정부와 소비자, 생산자가 모두 참여할 수 있는 절차가 마련되어야 합니다.

✛ 인정

의사결정에서 모두가 한 표씩 참여해야 합니다. 지역주민, 정부, 개발자, 남녀노소가 똑같은 권한을 가지고 결정해야 합니다. 미래를 살아갈 청소년에게 피해가 남겨지면 안 됩니다. 모두의 의견을 들어야 합니다. 사회, 문화, 인종, 계급, 성별을 떠나서 모두가 인정할 수 있어야 합니다.

에너지 정의를 따르는 행동을 정의로운 전환이라고 합니다. 급식이 멈춘 날 학교에서 고학년에게는 도시락을 주고 저학년에게는 팥빵과 우유만 제공했다면 이는 공정하지 않습니다. 누구도 소외되거나 피해를 보지 않도록, 모든 학생에게 균등하고 공정하게 제공되어야 합니다. 에너지도 마찬가지입니다.

과학과 에너지

지구 평균 기온

지구의 온도가 점점 올라가고 있습니다. 과학은 이미 지구 온난화가 실제로 진행 중임을 입증했고, 전 세계는 이에 대한 경각심을 가지고 해결책을 모색하고 있습니다. 그 결과, 에너지 시스템도 점차 변화하고 있습니다.

세계 기온을 연도별로 비교해 보니 뚜렷한 차이가 나타납니다. 이 변화를 이미 감지했다면, 이제는 지구를 지키기 위해 한층 더 신속하게 행동해야 할 때입니다. 2050년에 기온이 지금보다 더 올라가지 않도록 지구 온난화를 멈출 수 있는 건 바로 우리입니다.

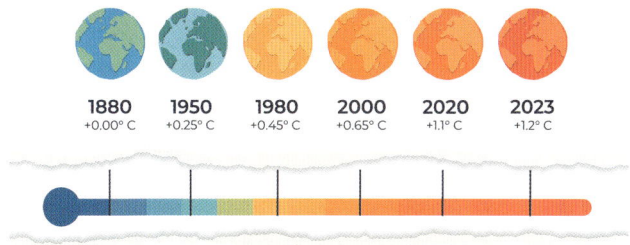

1880 1950 1980 2000 2020 2023
+0.00° C +0.25° C +0.45° C +0.65° C +1.1° C +1.2° C

지구 온난화와 세계 기후변화

4
우리가
세상을 바꾼다

세상에 에너지가 없었다면 어땠을까요? 아직도 동굴이나 나무 위에서 짐승들의 위협을 피해 살지 않았을까요? 에너지는 인류에게 소중하고 필요한 존재입니다. 올바르게 알고 사용해야 합니다. 생활의 편리함과 문명의 발달은 모두 에너지로부터 동력을 얻었다고 해도 과언이 아닙니다. 증기기관차, 전구, 전화기, 컴퓨터, 비행기에서부터 스마트폰, 전기차, 인공지능, 스마트홈 서비스에 이르기까지, 과학기술은 에너지를 활용해 생활 환경을 향상시켰고 우리의 삶을 편리하게 만들었습니다. 이 모두가 에너지 덕분입니다.

에너지를 사용하는 주체는 우리입니다. 인간이 생활하면서 필요한 에너지를 생산하고 소비합니다. 화석연료, 핵에너지, 재생에너지, 신에너지 등 다양한 에너지 자원을 활용하고 있지만, 호모 사피엔스가 자연 그대로 사용하는 에너지는 없습니다. 소비자가 원하는 에너지를 만들기 위해서는 자원이 필요하고, 시설을 설치하려면 토지도 사용해야 하기 때문입니다. 1차 에너지에서 전환하여 최종 에너지를 만들어 사용합니다. 우리가 올바로 알아야 에너지를 똑똑하게 사용할 수 있습니다. 소비자 주도적 변화가 필요합니다. 지구를 위해 착한 기업과 나쁜 기업을 분별할 줄 알아야 합니다.

사회가 발전하고 최신 전자제품이 수시로 나오면서 우리가 사용한 에너지 자원만큼 탄소와 폐기물은 쌓여 갑니다. 지구 한쪽에서 인류가 버린 쓰레기 더미가 땅과 바다를 병들게 합니다. 고온과 몸살, 기침 등으로 몸을 힘들게 하는 독감과 같습니다. 대기에 쌓여 가는 이산화탄소는 지구 온도를 높이며 가뭄, 홍수, 폭염, 혹한, 폭설, 태풍 등으로 인류가 살아갈 환경을 파괴합니다. 온실가스는 소나 돼지 같은 가축에서도 발생합니다. 우리가 육류를 많이 먹을수록 가축 수가 늘어나고, 이로 인해 메테인가스 같은 온실가스가 더 많이 배출됩니다. 지구를 위해 건강한 식탁과 조화를 이루면서, 육류 섭취를 조금만 줄여도 건강에 도움이 됩니다. 변화는 바로 우리에게서 시작됩니다.

지금까지 모든 것을 누려 온 어른들이 미래 세대에게 금지 조항만 늘어놓는다면, 우리는 그에 따르지 않을 것입니다. 지구 온난화를 일으킨 어른들도 함께 앞장서서 탄소중립 생활을 실천해야 하며, 이에 대한 도덕적 책임이 있습니다. 탄소중립 생활은 거창하지 않습니다. 자원을 아끼는 행동이 모두 탄소중립을 실천하는 일입니다.

① 게임보다는 산책하거나 뛰기

② 일회용품 사용 줄이기

③ 대중교통 이용하기

④ 사치스러운 소비 줄이기

⑤ 사용하는 스마트폰 기기를 더 오래 쓰기

⑥ 다른 사람과 비교하며 부러워하지 않기

⑦ 에너지 아껴 쓰기

⑧ 에너지를 사용한다면 청정에너지 선택하기

⑨ 건강한 음식 먹기

⑩ 행복한 하루 보내기

이 세상의 주인공은 여러분입니다. 내 방을 쓰레기장처럼 더럽힐 수는 없습니다. 깨끗하게 정리하여 내일도 모레도 나만의 포근한 보금자리이길 바라는 마음으로 지구를 아끼면 됩니

지구를 위한 에너지 습관

다. 과학은 미래를 바꿀 수 있습니다. 과학과 함께하는 미래 에
너지는 우리에게 없어서는 안 될 중요한 동반자입니다. 우리
모두 지구와 함께 공존하기 위해 현명한 소비자가 됩시다.

과학과 에너지

에너지 빈부격차를 해소할 영웅을 기다리며

그리스 신화에 나오는 영웅 페르세우스(Perseus)는 제우스 신과 인간 다나에 사이에서 태어났습니다. 페르세우스는 출생 후 신의 예언을 믿은 왕으로부터 미움을 받아 어머니와 함께 상자에 실려서 바다에 버려졌습니다. 바다에서 상자를 발견한 어부는 다나에와 아들이 지낼 수 있도록 보금자리를 제공했습니다. 훗날 페르세우스는 머리카락이 뱀으로 변한 메두사의 머리를 베어 어머니를 위기에서 구합니다. 또한 신들의 제물로 바쳐진 에티오피아의 공주인 안드로메다를 위험에서 구출하며 영웅의 모습을 보여 줍니다.

영웅이 되기까지 페르세우스는 힘든 유년기를 보냈습니다. 하지만 어려움 속에서도 희망을 잃지 않았습니다. 가족을 지키고 사랑하는 사람을 구하기 위한 용기와 지혜를 발휘해 정의를 실현했습니다. 영웅이 지닌 덕목은 우리가 갖추어야 할 마음가짐과 같습니다. 과학은 세상을 바꿀 수 있지만, 그 과학을 어떻게 사용할지는 여러분에게 달려 있습니다. 탐구와 연구를 통해 인류에게 필요한 에너지를 개발해야 합니다. 에너지는 의식주처럼 생활에 필요한 기본 요소입니다. 누구나 적정 생활을 유지할 수 있는 에너지를 사용해야 합니다. 추위에 떨거나 열대야에 잠 못 이루는 친구는 없어야 합니다. 에너지 빈부격차는 탄소중립을 실천하며 함께 해결해 나갈 과제입니다. 여러분도 이 길에 함께하며 에너지 영웅이 되어 줄 수 있나요?

메두사 머리를 들고 가는 용감한 페르세우스

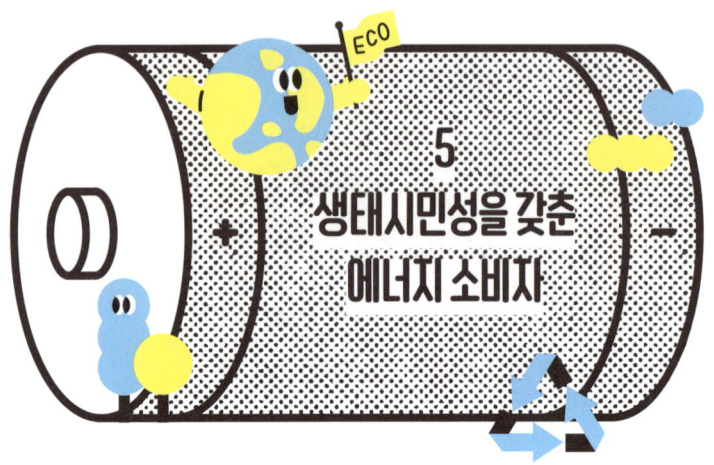

5
생태시민성을 갖춘
에너지 소비자

인류를 포함한 생물이 자연에서 살아가는 모습을 '생태'라 합니다. 도심을 벗어나면 생태관과 생태공원이 있습니다. 이곳은 식물, 동물, 곤충이 어우러진 환경으로, 가까이서 관찰하고 탐구할 수 있는 공간입니다. 우리가 생태공원을 휴식처로 누릴 수 있는 이유는, 자연 속에서 인간이 얼마나 큰 편안함을 느끼는지 알기 때문입니다. 자연은 인간이 태어나 자란 어머니의 뱃속처럼 안식처를 제공합니다. 태아가 자라는 장소처럼 깨끗하고 포근하며 아늑합니다. 추운 겨울 아침에 따뜻한 이불속 같습니다. 생태는 우리가 직접 경험하는 자연입니다. 시간과 공간은 나와 친구가 함께하는 곳이며, 우리가 사는 이 공간은 모두의 지구촌으로, 누구 한 사람만의 것이 아닙니다.

　중생대는 공룡이라는 상위 포식자가 지배하던 시대였습니다. 공룡들은 스스로를 지구의 주인이라 믿었을지도 모릅니다. 그러나 과학을 알지 못했고, 에너지를 전환하거나 효율적으로 활용하지 못했던 그들은 결국 급변하는 기후위기 속에서 살아남지 못하고 멸종하고 말았습니다.

　인류는 진화하여 현재를 살아가는 생명체입니다. 지구에서 살아가는 다양한 생물 중 하나입니다. 생태를 구성하는 일부입니다. 생물학자 앤드류 돕슨(Andrew Dobson)은 인류가 에너지를 소비하는 방식에서 이루어야 할 세 가지 변화를 제시했습니다. 돕슨은 인간이 환경과 공존하며 사는 것을 환경시민, 혹은 생태시민이라 부르며 그 개념을 소개했습니다.

＋　전 지구적 차원의 사고

　바다거북은 1년에 수천 킬로미터를 이동합니다. 먼 거리를 헤엄치며 먹이를 찾는 과정에서 버려진 플라스틱, 비닐, 고무 등 다양한 해양 쓰레기를 섭취하기도 합니다. 인간의 활동으로 인해 만들어진 폐기물입니다. 전 세계 국가들은 에너지를 만들기 위해 바다 건너 먼 나라에서부터 천연자원을 수입하며 해양

비닐봉지를 해파리로 착각한 바다거북

생태계에 피해를 줍니다. 늘어나는 에너지 소비를 충족하기 위해 북극의 생태계를 훼손하면서까지 천연자원을 채굴하고 있습니다. 하지만 에너지는 모두가 사용하기 때문에 지구에 사는 모든 사람이 경계를 넘어 함께 해결책을 고민해야 합니다.

+ 생태적 지속 가능성 추구

자연은 보존되어야 합니다. 봄에는 꽃이 피고, 여름에는 초록빛으로 산을 덮으며, 가을에는 열매를 맺고, 겨울에는 산새들의 안식처가 되는 그 순환이 멈추지 않아야 합니다. 아름다운 지구는 언제나 푸르게 유지되어야 하며, 누구의 소유도 아닙니다. 이 지구에서 살아가는 인간은 다른 생물이 인간을 위해 존재한다는 생각에서 벗어나야 합니다. 인간은 자연을 이루는 생물의 지배자가 아니기 때문입니다. 여러 톱니바퀴를 연결하여 동력을 전달하는 기계는 톱니바퀴 하나가 빠지면 움직이지 않습니다. 자연도 마찬가지입니다. 모든 생물은 서로 연결되어 지구에서 함께 살아갑니다. 지구에 사는 우리에게 환경을 지키는 일은 빼놓을 수 없는 도덕적 책임이자 반드시 지켜야 할 약속입니다. 인간과 생태는 분리될 수 없는 하나입니다.

+ 친환경적 행동

생태시민은 친환경적인 생활을 통해 자연을 아끼고 에너지를 절약합니다. 정의와 배려, 공감은 환경을 보존하는 우리에게 요구되는 자세입니다. 지구는 커다란 공동의 생활공간이며 나와 가족뿐 아니라 친구, 이웃, 지구 반대편 사람이 함께 살아갑니다. 조금 불편하더라도 에너지를 절약하면 자연이 스스로 정화되어 깨끗해질 수 있습니다. 생태계가 수용할 수 있는 한정된 범위를 벗어나지 않도록 환경을 보호하는 자세가 필요합니다. 산속 민물 가재는 한 번에 50여 개 알을 낳는데 50마리씩 잡아가 버리면 멸종하고 맙니다. 자연의 생태가 순환하여 균형을 잡도록 시간을 줘야 합니다.

생태시민성은 넓은 시야로 생태적 지속 가능성을 탐구하며, 친환경적인 삶을 실천하려는 인류가 나아가야 할 중요한 방향입니다. 더 많은 에너지를 얻기 위해 욕심을 부리다 보면, 결국 황폐해진 땅을 떠나 또다시 푸른 초원을 찾아야 하는 유목민처럼 우리는 머지않아 새로운 에너지원을 향해 갈 길을 서둘러야 할지도 모릅니다. 미래 에너지 노마드는 청정에너지로 전환하기 위해 노력하는 인류입니다. 여러분도 아름다운 지구를 아끼며 살아가는 에너지 생태시민이 될 준비가 되었나요?

과학과 에너지

개인과 기업의 탄소발자국

한국은 지구 온도를 높이는 온실가스 이산화탄소를 1인당 연간 15.5톤을 배출합니다. 교통, 음식, 냉난방, 물, 쇼핑 등 학교와 집에서 생활하는 동안 탄소를 배출합니다. 우리가 노력하면 탄소 배출량을 줄일 수 있습니다. 한 사람 한 사람이 탄소 배출을 줄이고 전 세계 생태시민이 여기에 참여하면 기후위기를 일으키는 온실가스를 크게 줄일 수 있습니다.

에너지를 생산하고 제품을 만드는 기업은 어떨까요? 2025년에 가동을 시작한 삼척의 석탄화력발전기는 연간 1,282만 톤의 이산화탄소를 배출합니다. 83만 명의 시민이 배출하는 이산화탄소와 맞먹는 양이 발전기 2기에서 나옵니다. 엄청난 탄소발자국입니다. 우리나라는 10개 대기업이 전체 46%의 탄소를 배출합니다. 시민이 아무리 절약하고 에너지를 아껴 써도 기업에서 배출하는 탄소만큼 줄일 수 없습니다. 탄소 감축은 개인보다 기업이 앞장서야 합니다. 개인의 탄소발자국이 개미 다리 같다면, 기업은 공룡 발자국 같기 때문입니다. 과학과 에너지를 바르게 이해해야만 기후위기 주범을 정확히 찾아낼 수 있습니다.

국내 부문별 탄소발자국 비교

나가며
에너지를 향해 내딛는 한 걸음

내가 서 있는 위치에서 한 걸음을 움직인다는 건 어떤 의미일까요? 앞으로 나아갈 수도 있고 한 걸음 물러서서 현재의 위치를 바라볼 수도 있습니다. 한 걸음은 거리로 측정하면 작은 움직임이지만 현재를 살펴볼 수 있는 시도입니다.

이 책을 읽은 여러분은 이제, 우리가 사용하는 과학의 산물인 에너지가 어디로 향해야 하는지를 함께 고민하는 길에 첫걸음을 내디뎠습니다. 사람이 태어나서 한순간도 에너지를 사용하지 않는 때가 없습니다. 이제 우리는 에너지를 올바로 이해하고 현명한 소비자가 될 준비를 마쳤습니다. 한 걸음은 1미터도 안 되지만 제자리에 서성이던 우리가 전진하도록 용기를 실어 주는 위대한 시작입니다. 달에 첫발을 내디딘 인간의 발자국처럼 첫걸음은 중요합니다.

　동화 속 이야기는 멀리 있지 않습니다. 우리가 살아갈 세상에 동물과 식물이 함께 평화롭게 공존할 수 있다면 여기가 바로 동화 속 한 장면입니다. 여러분은 그 이야기의 주인공입니다. 세상을 이끌어 가는 주인공이기도 하고 악당을 물리치는 용감한 정의의 사도이기도 합니다. 올바른 소비와 지혜로운 행동은 신비로운 문명의 발달과 함께 행복으로 안내하는 인도자 역할을 합니다. 인공지능이 널리 사용되고 무인 시스템이 자리를 잡으면서 에너지는 기계와 컴퓨터를 움직이게 하는 동력원 역할을 합니다. 우리가 만들어 놓은 세상을 움직입니다.

　에너지의 다양성을 발전시키고 과학기술이 에너지 효율성을 높여 준다면 손가락만 한 건전지 하나로도 하늘을 날 수 있지 않을까요? 상상은 과학을 통해 현실이 될 수 있습니다. 여러분은 이 세상의 주인공이기에, 무엇이든 해낼 수 있습니다. 어떤 일이든 최선을 다해 노력하면 성공할 수 있습니다. 한 걸음을 내디뎠으니 두 번째 걸음을 내디디며 앞으로 나아가길 바랍니다. 에너지 이야기는 새롭게 펼쳐지며, 신비롭고 강력한 힘을 찾아 나서는 탐험의 여정을 만들어 갈 겁니다. 세상의 주인공인 여러분이 함께해야 가능한 일입니다.

+ **첫 번째 이야기. 자연에서 시작된 에너지 세계**

1. 이상수, 2022, 《이상수의 청소년 에너지 세계사 특강》, 철수와 영희.
2. 전영석, 2022, 초등학교 과학과 교육과정의 에너지 관련 내용 개선 방안 탐색, 에너지기후변화교육.
3. 한국에너지공단, 2024, 에너지 첫걸음.
4. 후루타치 고스케 (마미영 번역), 2022, 《에너지가 바꾼 세상》, 에이지21.

+ **두 번째 이야기. 우리의 오랜 친구 천연자원**

1. 김세원, 김영석, 2021, 북극권 자원 개발 사업을 위한 기후변화 대응 방안 조사 분석, 한국지반신소재학회.
2. 에드 콘웨이 (이종인 옮김), 2024, 《물질의 세계》, 인플루엔셜.
3. 이상현, 2023, 《석유야 놀자: 탐사에서 생산까지 궁금했던 이야기》, 박영사.
4. 이충훈, 2015, 《알기 쉬운 신재생에너지》, 북스힐.
5. 한겨레신문, 2024.9.30., [현장] 산업혁명의 심장, 영국 석탄발전이 142년 만에 멈췄다.
6. 헬스조선, 2024.1.27., 밥 먹고 바로 '이 자세' 취하면… 방귀 계속 나온다.

세 번째 이야기. 신비로운 신재생에너지

1. 경향신문, 2024.10.6., '외계 문어' 정말 있을까… 이번 주 바다 품은 '유로파'로 탐사선 발사.
2. 박재현 외 2명, 2024, 비협조적 게임이론을 활용한 신재생발전사업 갈등 사례분석, 대한토목학회.
3. 서윤영, 2024, 《미래 세대를 위한 건축과 기후 위기 이야기》, 철수와 영희.
4. 서혜림 외 4명, 2024, 한국 해상 풍력 발전: 현재와 전망, 대한환경공학회.
5. 이종서 외 4명, 2023, 바이오매스 기반 전기에너지 생산기술 동향 분석, 한국신재생에너지학회.
6. 임동찬 외 2명, 2022, 사물 융합 태양전지 기술 및 전망, 한국태양광발전학회.
7. 지웅배, 2018, 《별, 빛의 과학》, 위즈덤하우스.
8. 하수진 외 2명, 2022, 주요국의 신재생에너지 분야 기술경쟁력 분석 연구, 한국신재생에너지학회.
9. 한국에너지공단, 2022, 2022 신재생에너지 백서
10. NASA, 2024, Spaced-Based Solar Power.

+ **네 번째 이야기. 미래를 준비하는 에너지**

1. 김말희 외 2명, 2023, 에너지 관리 기술의 미래 발전 방향과 전망에 대한 연구, 한국통신학회.
2. 박한샘 외 6명, 2023, 에너지 부문의 탄소중립 달성을 위한 국내외 시나리오 분석 및 기술, 정책현황 고찰, 한국화학공학회.
3. 이지현 외 3명, 2023, 에너지 저장기술의 최적 서비스 선정 방법, 한국태양광발전학회.
4. 장홍제, 2017, 《원소가 뭐길래》, 다른.
5. 전홍민, 2024, 탄소배출시장 활성화방안에 대한 정책연구, 한국경영학회.
6. 조현석, 2024, 국제 공동 연구를 통한 태양에너지 활용 열화학 물분해 그린수소 생산 연구 및 E-fuel 생산 연구 동향 보고, 한국신재생에너지학회.
7. 조혜진 외 2명, 2024, 신재생에너지 기반 그린수소 기술 (전기화학적 생산), 한국태양광발전학회.
8. 최정우, 이병희, 2024, 탄소중립 연료의 국가 R&D 과제 정보분석과 니드마이닝, 한국정보기술학회.
9. 홍덕화, 2024, 태양과 바람은 우리 모두의 것, 한국공간환경학회.
10. International Energy Agency, 2024, World Energy Outlook.

+ 다섯 번째 이야기. 지구가 웃는 에너지 습관

1. 고정아, 2024, 생태시민성의 관점에서 본 2022 도덕과 중등 교육과정의 생태전환교육 내용 분석과 제언, 한국도덕윤리과교육학회.
2. 권승문, 김세영, 2022,《오늘부터 시작하는 탄소중립》, 휴머니스트.
3. 서윤영, 2024,《미래 세대를 위한 건축과 기후 위기 이야기》, 철수와 영희.
4. 선보라, 전진현, 최혜연, 2023,《지구를 위한 소비수업》, 휴머니스트.
5. 오덕성 외 2명, 2015, 에너지 측면의 스마트 그린시티 계획기법에 관한 연구: 행복도시의 적용실태를 중심으로, 한국산학기술학회.
6. 이송희일, 2024,《기후위기 시대에 춤을 추어라》, 삼인.
7. 이수민, 김현제, 2022, 에너지 정의에 대한 이해와 시사점, 한국자원공학회.
8. 이정기 외 3명, 2024, ESG 경영 실천전략: 애플(Apple)의 탄소중립 사례를 중심으로, 대한환경공학회.
9. 장유미, 이승준, 2023, 창원시 탄소중립마을 사업평가를 통한 지속가능한 주민참여형 탄소중립마을 활성화 방안 연구, 국제문화기술진흥원.
10. 정민희, 2024, 탄소중립 건물의 기술적 정의와 사례 분석을 통한 탄소중립 달성 잠재성 분석, 토지주택연구.

11. 최선영, 송동수, 2024, 탄소중립 관련 기술 촉진에 대한 법제 개선방안, 한국외국어대학교 법학연구소.

+ 웹사이트

1. 대한석탄공사: https://www.kocoal.or.kr
2. 한국가스공사: https://www.kogas.or.kr
3. 한국수자원공사: https://www.kwater.or.kr
4. 한국석유공사: https://www.knoc.co.kr

+ AI 그림

· Microsoft Copilot 활용.

에너지의 이름들

ⓒ 이상현 2025

초판 1쇄 2025년 11월 11일

지은이 이상현
펴낸이 정미화
기획편집 정미화 남은영 | 디자인 pica(
펴낸곳 이케이북(주) | 출판등록 제2013-000020호
주소 서울시 관악구 신원로 35, 913호
전화 02-2038-3419 | 팩스 0505-320-1010
홈페이지 ekbook.co.kr | 전자우편 ekbooks@naver.com

ISBN 979-11-86222-78-2 03420